40億年、いのちの旅

伊藤明夫

岩波ジュニア新書　882

はじめに

過去に学び、現在を知り、未来に活かす——歴史を学ぶことの最大の目的です。

しかし多くの場合、歴史上のできごとは、私たちの日常生活と直接つながっているというよりも、断片的なドラマをみているように感じられます。そこでは、「過去」と「現在」とは分断されてしまっています。

「いのち(生命)」の歴史についても、同様です。「いのち」はＤＮＡ(デオキシリボ核酸)という物質を通じて受けつがれ、子孫の代へとつながっています。しかし、過去の生きものたちやそれらが生きてきた道すじは別の世界のものとして感じられ、私たち自身とのつながりはとらえにくいものです。

本書は、私が北九州市立自然史・歴史博物館(いのちのたび博物館)で、館長として勤めていたときに「館長出前授業」として、毎年市内の数校の小学校や中学校で話をした内容を出発とし、深化、肉付けしたものです。

出前授業で基本としたのは、「いのち」のつながりです。今ここに生きている自分、「いのち」をもっている自分のこの「いのち」はどのように得たのか、いつ始まったのかを考えてみよう。自分にどのようにして伝えられてきたか、自分自身から出発して考えてみよう――そのなかで、人と人とのあいだはもちろん、まわりの生きものたちすべてとも「いのち」を通してつながりあっていたのだということを、感じとってほしかったのです。

そこで本書では、まず、自分の「いのち」がどう伝えられてきたのかを、さかのぼってみていくことにしました。そうすることによって、「いのち」の通ってきた道、過去の生きものたちと現代の自分やほかの生きものたちの関係が、より身近に感じられるのではないかと思います。

つぎに、「いのち」とは何かを考えます。古今東西、多くの人が問いかけ、挑戦してきたこの命題に、私たち自身がどう考えているか、これまではどう考えてきたのか、現在の自然科学で認められている考えなどを紹介します。

さらに、「いのち」の特徴である、相反(あいはん)する二面、多様性と普遍性がどのようなものなのか、それらが「いのち」のつながりをになっているゲノム・DNAを通じてどのように発揮され、「いのち」が伝えられてきたのかを考えます。

そして、第3章で、いよいよ本題の「いのち」の旅に入ります。最初の問いかけである自分の「いのち」のはじまりをたずね、原始地球の海の中で誕生したとされる「いのち」の元にたどりつきます。

その過程で、現在自分のまわりにいる生きものたちの祖先をたどっていくと、過去のどこかの時点で自分の祖先と同じ生きものにたどりつき、かつては同じゲノム・DNAをもつ共通の生きものであったことを知ります。「いのち」は時間の流ればかりでなく、生きもの全体に広くつながりあっていることに気づいてほしいのです。

さて、本書では、「いのち」の旅の方向づけに大きな影響を与えた事項・イベントの七項目に焦点を当て、「いのち」の旅における意義、まだ解明しなければならない問題点などを紹介します。そこから、「いのち」の旅がどのように続けられてきたか、生きものがどのように進化・多様化してきたかの概略と要点をつかんでいただければと思います。

後半の三つの章は、ヒトの過去、現在、未来について考えます。まず、「いのち」の旅を知るための有力なツールである化石とＤＮＡから、ヒトの旅がどのようなものであったかについて、現時点での研究成果をふり返ります。

つぎに、地球上で生きものの頂点に君臨しているヒトの現況をみてみます。生きものの旅は、主として自然環境によって決められてきましたが、ヒトは自分自身のために生息環境を変え、遺伝子（いでんし）も操作できるようになり、ほかの生きものとは違った生きかたをしています。何がそれを可能にしたのか、ほかの生きものとの違いは何かを考えてみます。

最後に、これからヒトはどのような旅をするか考えてみます。ヒトには、文化や科学の発展による輝かしい未来が待っていると同時に、ほかの生きものたちを圧迫することによって生態系を変え、自分自身の生存をもおびやかす危険性もかかえています。現在、どのような状況にあるかを知り、ヒトはこれからの旅に大きな責任をもっていることを考えます。

「いのち」の旅全体を通して、これまでにわかってきたことは、ほんのわずかしかありません。ほとんどが未知の世界です。本書では、まだわかっていない未知の部分も示しています。本書を読んで、それらの解明に挑戦してみようという人が現れるのを期待しています。

目　次

目　次

序章　「いのち」はつながっている

あなたの「いのち」のはじまりは？

私たちは今、生きています。「いのち」があるとも、「いのち」をもっているともいいます。では、あなたの「いのち」はいつ始まったのでしょう。

あなたが誕生したときですか？　誕生のとき、この世に「生を受けた」といいます。また、あなたがひとりの人間として社会的に認められて戸籍ができるのも誕生のときですが、このときに「いのち」あるものとしての存在が始まったと考える人は少ないと思います。

生まれる前、母親のお腹の中にいたとき、つまり胎児であったとき、母親から酸素や栄養物をもらってはいましたが、それらを使って胎児は母親とは独立に日に日に成長しています。最近では、超音波で見られる胎児の像は、頭はもちろん、手足もかなりはっきりとわかります。また、妊娠五か月くらいになれば、母親のお腹を足でけったりしてあばれます。胎動です。胎児のときからすでに、立派に人としての身体をもち、母親とは別の人間として生きていることは明らかです。

民法でも、一般には人としての権利は生まれたときから始まるとしていますが、例外として誕生前の胎児にも損害賠償権や相続権が認められることがあり、法的にも胎児がひとりの人として扱われうることが定められています。

では、胎児になったとき、あるいは胎児の元である卵子と精子とが受精したとき、「いのち」が始まったといってよいのでしょうか？　たしかに、一人ひとりの個体としての「生命体」は、受精したときに始まったといえるでしょう。

しかし、「いのち」をもっていない、生きていない卵子と精子が一緒になったとき、つまり受精したとき、突然どこからか「いのち」がやってきて生きていないものが生きたものに変わったのかというと、そうではありません。卵子も精子も立派に生きた細胞であり、両親によって次の世代のためにつくられた、「いのち」をもった細胞です。

すでに一九世紀中頃、フランスの科学者パスツール（一八二二〜九五年）が言っているように、「いのち」は「いのち」から生まれるのであり、あなたも両親がいたから生まれたのであって、あなたの「いのち」は両親から受けついだものです。

さらに、両親はそれぞれの両親、あなたの双方の祖父母から、そして、祖父母たちはそれぞれの両親からと、ずっと昔の人たちから「いのち」が受け渡されてきました。

あなたに「いのち」を伝えてくれた人たち

すると、あなたが生まれるまでに、何人の人々の「いのち」が受けつがれてきたのか、知りたくなりませんか？　いったい、あなたの祖先は何人いるのでしょう？

両親、祖父母、曽祖父母(そうそふぼ)(ひい祖父母)とさかのぼり、たとえば五代前、ひいひいひい祖父母は二の五乗(じょう)＝三二人、一〇代前は二の一〇乗＝一〇二四人となります(図０‐１)。

ここで、わかりやすくするために、子どもをもうける年齢を平均二五歳と仮定してみます。昔は結婚が早かったので、そんなにおかしな数字ではないでしょう。そう考えると、一〇代前は約二五〇年前、江戸時代です。江戸時代中期に生きていた一〇二四人の人たちがあなたの一〇代前の祖先といえます。

そして、この人たちからあなたにつながるすべての人たちは、あなたに「いのち」を伝え

A　あなたから5代前まで

ひいひいひい
18人
ひいひい
10人
ひい
6人
祖父母
4人
父母
2人
祖父母や祖先の中に
兄妹がいたとすると

B　父親の母と母親の父が、きょうだいである場合

図0-1　あなたの祖先をたどってみると……

てくれた人たちであり、あなたの両親までをあわせると、全部で二〇四六(一〇二四+五一二+二五六+一二八+六四+三二+一六+八+四+二)人となります。

この一〇代前の人たちにも、親はいます。そこでもっとさかのぼり二〇代前を考えると、二の二〇乗=一〇四万八五七六人。この人たちはだいたい五〇〇年前、室町時代にいた人たちです。

さらに、三〇代前になると、二の三〇乗=一〇億七三七四万一八二四人、約一〇億人になります。あなたに「いのち」を伝えてくれた人は七五〇年ほど前、ほぼ鎌倉(かまくら)時代にいた約一〇億人です。このなかの一人でも欠けたら、あなたは存在しません。あなたは膨大な数の人々の「いのち」を受けついで生まれたのです。

さてこれまでは、あなたひとりだけの祖先について考えてきました。しかし、少し考えてみてください。今生きているすべての人一人ひとりに、鎌倉時代までさかのぼると約一〇億人の祖先がいることになります。現在、日本の人口は一億人強ですから、日本人の祖先だけでも一億人×一〇億人が必要になってしまいます。こんなことは絶対にありえません。鎌倉時代にそんなに多くの人がいたはずはありません。

しかし、子どもが生まれるには必ず父親と母親の二人がいなければならないので、一代さかのぼるごとに二倍になり、昔にさかのぼるほど祖先の数はどんどん増えていくのはたしかです。

一方で、昔にさかのぼるほど人口は今より少なかったこともたしかです。たとえば、鎌倉時代の日本における人口は最大に見積もってもせいぜい一〇〇〇万人ほどであったといわれています。

あなたに「いのち」を伝えてくれた人たちを考えると、「昔にさかのぼるほど祖先は多くなる」。一方、「昔ほど人口は少なかった」。これは、両方とも正しいことです。しかし、両者は矛盾(むじゅん)しています。

両方とも正しいのですから、これまでの考えのどこかに実際とは違うところがあり、それがこの矛盾を解いてくれるでしょう。一度、ページを閉じて考えてみてください。

私たちの多くは親戚同士

さて、この矛盾を考えてみます。どこに、実際とは違うところがあるでしょう?

図0-1Aをみてください。子どもには必ず両親がいますが、両親からみると、子どもはすべてひとりだけです。今ではひとりっ子もめずらしくありませんが、昔は多くは二人以上。幼くして亡くなる子どもが多かったとはいえ、きょうだいのなかで二、三人くらいは成人して、子孫を残したことでしょう。

たとえば、図0-1Bのように、母親の父と父親の母が兄妹であったとします。つまり、あなたの父親と母親がいとこ同士であるとすると、母親の父と父親の母の両親たちはあなたの父親の祖先であるとともに、母親の祖先でもあります。さらに、そこからさかのぼった祖先たちは全員、あなたの父親と母親の共通の祖先であり、あなたの祖先の数は、たとえば五代前には三二人であったのが二四人となります。

さらにさかのぼった祖先の中に同じようなことがあったとすると、あなたの祖先の数はもっと少なくなります(図0-1B)。

例では、図で説明しやすくするためにあなたの祖先のなかの、しかも比較的血縁の近い者同士がきょうだいであると考えましたが、実際にはこのような例は少ないかもしれません。しかし、あなたの祖先とあなた以外の人たちの祖先との間では、頻繁に起きていたと考えられます。

こうして、一組の親に二人以上の子どもがある、つまりきょうだいがいて、その人たちがいろいろな時期に複雑に組み合わさることによって、あなたの両親だけでなく、まわりの多くの人たちと大勢の共通の祖先をもっていることになります。限られた地域内での交流が主体であった昔では、なおさらこうした関係は密だったと考えられます。

つまり、さきほどの「鎌倉時代までさかのぼると約一〇億人の祖先がいる」というのは、祖先と考えていた人たちが何回もダブって数えられていたことになります。そのようなことが、祖先の各世代に存在します。したがって、親は必ず二人ずついなければなりませんが、同じ親から生まれた複数の子の存在によって昔にさかのぼるほど一人が何回も勘定(かんじょう)されることになるので、昔の人の数が少なくても説明できます。こうして、さきほど問題にした矛盾はなくなります。

このことは、私たち一人ひとりはまわりの人たちとの多くの共通の祖先をもっており、日本中の多くの人たちと、いつの時代かはわからないけれど同じ人の「いのち」を受けついでいることを意味しています。言いかえると、遠い近いは別にして、私たちの多くはたがいに親戚関係にあるといえます。

私たちの「いのち」は、時の流れのなかでも、人の広がりのなかでも、つながりあっているのです。

私たちの「いのち」のはじまりをたずねて

本章では、鎌倉時代までさかのぼり、あなたに「いのち」を伝えてくれた人をたどりました。けれども、この時代にいた祖先たちにもそれぞれ親がいますので、祖先をたずねていけば、どんどん昔にさかのぼらねばなりません。

日本人であれば、弥生(やよい)時代、縄文(じょうもん)時代とさかのぼることになります。でも、縄文時代の人たちにも親はいます。その親をたどっていくと、約四万年前に日本にやってきたといわれている日本人の祖先にたどりつきます。

その人たちはどこから来たのでしょう？　私たちの「いのち」はいつ始まって、どのような「旅」をして私たちに伝えられたのでしょう？　これから、いよいよその「いのち」の旅をたどってみようと思います。

その前に、そもそも「いのち」ってなに？「生きている」ってどういうこと？を考えることから始めましょう。

第1章　「いのち」とは？

生きているものと生きていないものはどこが違う？

「お母さん、カブトムシが動かなくなったからお金ちょうだい」

「いいわよ。だけど、どこまで（新しいカブトムシを）買いにいくの」

「近くのコンビニ（コンビニエンス・ストアー）」

「コンビニ？」

「うん、電池を買ってくるんだ。カブトムシの電池を替えてあげるんだよ」


『理工教育を問う』（産経新聞社社会部編、新潮文庫、一九九八年）より引用

小学校低学年の男の子と母親の会話です。男の子は、飼っていたカブトムシが動かなくなった（死んでしまった）ので、電池を交換して生き返らそうと考えたのでしょう。二〇年ほど

前になりますが、私はこの話を読んだときにたいへんショックを受けました。

子どもたちが自然の中で遊ぶ機会が少なくなり、生きものと接することが少なくなってきたことと、生きものそっくりなおもちゃなどがつくられるようになり、自然のものと人工のものとの違いがわかりにくくなってきたためなのでしょうか。

それにしても、このような子どもたちに「生きている」こと、あるいは「死ぬ」ということをどのように説明したらよいでしょう？　あなたなら、生きもののカブトムシと電池で動くおもちゃとの違いを、どのように説明しますか？

あなたは子どものとき、何歳のころから、自分にじゃれてくるイヌやネコ、動物園の動物たちや、手にすると逃げようとしてもがいている昆虫たちが、自分と同じ生きているなかまだと感じたのでしょう？　日々成長し花を咲かせてくれる庭の草やまわりの樹木が、同じように動き変化する川の流れや太陽や月とは違うものだとわかってきたのは、何歳ごろだったでしょう？　大人たちから教えられたり、絵本をよんでもらったりして、わかってきたこともあるでしょう。はっきりとだれに教えられたということもなく、日々の生活のなかで、少しずつ自然とわかってきたことも多いでしょう。

ある調査では、小学三年生と六年生に太陽が生きものかどうかをたずねたところ、いずれもほぼ三分の一の子どもたちが「太陽は生きものです」と答えたそうです（『理科離れの真相』安斎育郎・滝川洋二・板倉聖宣・山崎孝著、ＡＳＡＨＩ　ＮＥＷＳ　ＳＨＯＰ、一九九六年）。その理由は、「動いている」「燃えている」「黒点が変化している」などだそうです。

中学生や高校生になれば、自分のまわりのものをみて、とくにそれが肉眼で見えるものであれば、生物か、無生物か、あるいは以前は生きていたが今は死んでしまったものかを、ほとんど無意識に、しかもかなり正確に見分けることができます。そのとき、なにをみて判断しているのでしょう。

私はまわりの大人に、「生きものと生きていないもの、生物と無生物の違いは何だと思いますか？」とたずねたことがあります。するとたいてい、生物は動く、息をしている、子どもを産む、成長する、などの答えが返ってきました。

昔の人たちも、動物が「息をしている」、「動くことができる」ということが、植物や鉱物などと最も違うことだと感じたようです。動物を示す言葉としてふつう「生きもの」といいますが、動物が動き回ることから活動するもの、すなわち「活物・いきもの」です。

また、動物は「呼吸するもの・息をするもの」でもあります。動物は息をし、活動しているものとして考えられていたのです。まさに、動物とは「動く物」なのです。

このような見かたは西欧でも同じだったようです。英語で「動物」を意味するanimalはラテン語で「息」を意味するanimaから派生したということです。

たしかに、身の回りの生きものたちは、動く、呼吸する、刺激に反応する、成長する、食べものを取り入れてエネルギーをつくる、増殖する、考える、などの能力をもっています。しかし、これらは本当に生きものだけに特徴的なものといえるのでしょうか。

たとえば、自動車でもバイクでも酸素を取り入れ、ガソリンを燃やしてエネルギーをつくって動いています。そして、二酸化炭素を排気ガスとして出しています。私たちと同じように、酸素を吸って二酸化炭素を出す「呼吸」をしているのです。

目の前にあるコンピューターは入力(刺激)に反応し、計算したり、考えたり、あるいは自分で修復することさえできます。食塩の結晶や金属にできたサビは、成長することができます。また最近では、人間の言葉に反応したり、言葉や動作で私たちの心をいやしたりする人間や動物の形をしたロボットもつくられています。

　しかし、自動車やコンピューターを生きものだと考える人はいないでしょう。また、科学技術が進歩してロボットがいくら精巧になったとしても、そして、たとえ感情のようなものをもつようになったとしても、それらは生きものとはいえないし、生きものになることもできません。

　最近は、スマートフォン用のOSの名前になっていますが、SF映画に登場したことのある人間そっくりのアンドロイドも、生きものではなく、あくまでも人がつくったロボットです。

　では、「生きもの」と「生きていないもの」の違いは何なのでしょう？　「生きている」とは、「いのち」とは、どういうことなのでしょう？

私たちは「いのち」をどう考えているか

　私は以前、一般の大学の一、二年生と六〇歳代までの社会人をふくむ放送大学の学生約六〇〇人に「いのち」に関連した質問に答えてもらったことがあります。表1-1は、その結果です。

表1-1　アンケート：私たちは「いのち」についてどのように考えているか？

(%)

	はい	いいえ	わからない
生物は神によって創られた	22	54	24
生物は無機物から化学進化して誕生	42	22	36
微生物は自然発生する	15	68	17
生物は化学物質でできている	50	24	26
人間はサルと共通の祖先から進化	87	7	6
全ての生物には霊魂がある	57	20	23
人間には霊魂がある	70	13	17
全ての生物には死後の世界がある	40	26	34
人間には死後の世界がある	44	24	32
人間は死んでも生まれ変われる	33	31	36

私は、質問に参加してくれたみなさんの回答が、ある程度かたよっているのではと予想していました。「はい」、あるいは「いいえ」の割合がそれぞれ三分の一程度はあるのではと思っていました。しかし、結果は予想に反して、かなりばらついているのでおどろきました。

さらに、二〇歳前後と六〇代との年齢の差、大学生では文系と理系の差で回答の分布にある程度違いがあるのではと思っていましたが、大きな違いがみられなかったことも予想外でした。そのため、ここではこれらを分けずにまとめました。

一番数字が大きく、多くのみなさんの考えが一致しているのは「ヒトはサルと共通の祖先から進化した」という問いに対し、「そう思う」との答えでした。考えが集中したのは、イギリスの生物学者チャールズ・ダーウィン（一八〇九〜八二年、図1-1）という名前や、彼が提唱した「進化論」という言葉とともに、ヒトはサルのなかまから進化したと、学校などで教えられてきたからでしょう。

そのほかは、かなりばらつきがあります。これらは、学校などで教えられてきたものではなく、それぞれの人が生活のなかで感じていることがそのまま表れたのだと思います。

図1-1　ダーウィン

たとえば、私たちは、ときどき「ウジがわく」「ボウフラがわく」などといいます。実際に、台所の流しの生ゴミのまわりに、翌日には小バエが飛んでいるのをみると、ハエが別のところからやってきたとか、ゴミのなかに卵かウジ虫がいて短時間にハエになったのではとは考えずに、生ゴミからハエが生まれたのではないかと錯覚（さっかく）してしまうことを経験します。その感覚が回答に表れたのでしょう。

魂の存在についても、同様です。一五年以上前になりますが、「千の風になって」という歌(アメリカ女性の詩「Do not stand at my grave and weep」の日本語訳。新井満訳・作曲)が大変はやったことがあります。その歌詞の内容は、亡くなった人からの「私は死んではいません。風になって大空を吹きわたり、いつもあなたのそばにいて見守っています」というメッセージでした。そこには、亡くなった人とのつながりのなかで、こうあってほしいという切なる願いが込められていました。

この歌は、生と死、死後の世界などについて、私たちは身体と魂からなっていて、身体は死んでも魂は生き続け、私たちのまわりに浮遊しているように感じさせます。このような考えは日本各地での伝統的な行事、たとえば、お盆での迎え火や送り火など数多くありますので、表1-1のようなアンケート結果になったと思われます。

しかし、今の自然科学では、魂のようなものはそれぞれの人の考えのなかで存在しているもので、実体としては存在しないと考えられています。

余談になりますが、二〇〇九年にダーウィンの生誕二〇〇年と彼の有名な著書『種の起原』出版一五〇年を記念して、彼の生涯をえがいた「クリエーション」という映画が、アメリカでは上映が一時見送られるということがありました。映画は、ダーウィンが、彼の提唱した進化論のもとになった『種の起原』をあらわすにあたり、彼のキリスト教信仰と科学とのはざまで苦悩する姿をえがく内容でした。

進化論では、「生きもののそれぞれの種は、原始生物から環境に適応しながら自然淘汰を経て進化してきた」と考えますが、キリスト教では、「すべての生きものは神により創造され、その後新しい種は生まれなかった」と説いています。

しかし、アメリカ人の多くがキリスト教の教義をかたく信じており、ある調査では、アメリカで進化論を信じるのは約四〇％にすぎず、この映画はアメリカ人にとって矛盾が多すぎるとのことでした。

これは、先ほどの私のアンケート結果と非常に異なります。アメリカでは進化論を高校でもきちんと教えていない州があるからです。アメリカでの進化論を支持する割合は、教育程度とある程度の相関があり、高校卒あるいはそれ以下では約二〇％、大学卒では約七五％という統計もあります。

「いのち」って？

さて、「いのちとは何か」という問いかけは、私たち生きているものとして、また人間としての究極の課題であり、古代から現代にいたるまで常に問い続けられてきたものです。哲学も、宗教も、自然科学も、それぞれの立場でこの問いかけに答えようとしてきました。

そして、哲学や宗教の答えも、自然科学からの答えも時代とともに大きく変化してきました。宗教の答えは別の本にゆずるとして、ここではおもに、自然科学や哲学からはどう考えてきたかをたどってみます。

「いのち」や「生きている」ということについて考えるとき、次の三つの問いかけ、切り口があります。

一つ目は、「いのち」は「もの」なのか、それとも「こと」あるいは「状態」なのか、という問いかけです。「いのち」という「もの」があって、それが「いのち」をもたない物質の集まりである身体に入りこむことにより生きている状態となり、「いのち」が出ていけば元の物質に戻る。「いのち」という「もの」の出入りにより、生きているものとそうでないものとが変換するという考えかたです。「もの」とは、たとえば、霊魂（れいこん）のようなものです。

一方、「いのち」は「こと＝状態」であるという考えかたでは、「いのち」という「もの」は存在せず、身体をつくっている物質全体の状態のなかに「生きている」という状態があり、それが維持されなくなると「生きていない状態」になるのであって、このあいだに霊魂などの「もの」の移動はないと考えます。現在の自然科学では、この考えかたをとっています。

二番目は、これとよく似ていますが、「生の状態」と「死の状態」の違いは何か、という問いかけです。たとえば、ある人が息を引き取ったとき、医者が「ご臨終（りんじゅう）です」と言ったとたんにその人の身体を構成している細胞がすべて死んでしまうわけではありません。多くの細胞はまだ生き生きと活動をしています。身体全体をみると、医者が死を宣言した直後とその直前とで、その人をつくっていた物質の種類も量もほぼ同じであるといってよいでしょう。

しかし、直前は「生きている」といい、直後は「死んでいる」すなわち「生きていない」といいます。ほとんど同じ物質の集団に「生の状態」と「死の状態」があるのです。この違いは何によるのでしょう？

ここでも、先ほどの議論と同じように、「いのち」という「もの」があるのかどうかという疑問が出てきます。「いのち」は身体から切り離された特別な存在であり、生きているのはこの特別な存在の「いのち」が身体という物質の集団に存在する状態であると考えます。そして、それがその集団から離れたときに生物は死という状態になり、私たちのまわりにある土や水や機械のような単なる物質集団になると考えるのです。このように考えると、たしかに生と死の違いとそれらの境界はたいへんわかりやすく感じられます。

しかし、この考えかたは、先に述べた「いのち」は「もの」であるという考えかたと同じです。

一方、「生の状態」は、組織化された物質の集団が、時間がたっても同じ状態を維持して持続できるが、「死の状態」になった物質集団は、もはや同じ状態を維持できず、元に戻ることができない状態になっていることを指す、という考えがあります。抽象的でわかりにくいかもしれませんが、時間の経過によって知ることができる物質集団の状態の違いが両者の違いです。これが、現在の自然科学での考えです。

三番目は、「生物」と「無生物」の違いは何か、生物に共通に存在していて無生物にはない性質は何だろう、と考えてみることです。自動車やコンピューターやロボットなどにはなく、生きものだけがもっている性質とは何でしょう？

残念ながら、現在のところ「いのちとは○○である」と一言で「いのち」を定義することはできません。少なくとも次の三つの性質を備えているものが「生きもの」であるとされています。

一「外界との区別をする境界をもっていること」です。これが生きものであるという境界をもった独立した存在だという、ごく当たり前のことです。

二「自分と同じものをつくり、ふやすことができること」です。つまり、子孫をつくることができるということで、これを「自己増殖能」といいます。

三「外界からとり入れた物質を使って自分の身体をつくり、自分が活動するエネルギーをつくることができること」です。これを「物質代謝能」といいます。

味もそっけもない言いかたですが、自然科学でいう「いのち」とは、「境界」と「自己増殖能」と「物質代謝能」をもつものを指すのです。これで、先にあげたコンピューターや自動車などがなぜ生きもののなかまに入らないのか、わかると思います。

このように、三つの問いかけにおいて共通するのは、「いのち」とは物質集団の特定の状態であるということです。

哲学者、自然科学者たちはどう考えてきたか――生気論と機械論

では、ここで少し、歴史をひもといて、昔の人たちが「いのち」をどのように考えていたかふり返ってみましょう。

これまで多くの人々が、いろいろな立場から「いのち」というものの正体を解き明かそうとしてきました。そのなかで、最初に体系的にわかりやすく説いたのは、紀元前四世紀(日本では縄文時代)、古代ギリシャの哲学者アリストテレス(紀元前三八四～紀元前三二二年、図1-2)です。彼は、数百種におよぶ生きものを詳細に観察し、多くの動物の解剖も行っています。

アリストテレスは生きものを植物、動物、人間と大きく三つに分け、それぞれには異なった霊魂(anima)、植物的霊魂、動物的霊魂、人間的霊魂が存在するのだと考えました。植物的霊魂は栄養的能力、生殖的能力をもち、動物的霊魂はそれに感覚的能力が加わり、そして、人間的霊魂にはさらに知能・理性が備えられており、霊魂はそれぞれの生きものらしさを与

える原理のようなものと考えていました。

　これは、先に述べた「いのち」という「もの」がある、という考えに近いものです。このように、「いのち」あるものは無生物にはない特別な「もの」・「霊魂」をもっているとした考えかたを「生気論（せいきろん）」といいます。「生気論」は、その後長いあいだ支持されてきました。私たちも、たとえば身近で新しい命の誕生があれば、率直に「いのち」の神秘を感じます。このとき生きものには、無生物にはない神秘的な原理があるのではないかと思えます。

図 1-2　アリストテレス

　また、親しい人が亡くなったとき、肉体は亡くなってもその人の心・魂は残っているように思えます。先ほどの「千の風になって」の歌詞や私のアンケート結果でも、かなりの割合の人が霊魂の存在を信じています。現代でも、私たち自身の心の奥底には、生気論が生き残っているのではないかと思われます。

　しかし、一七世紀に入って、生きものにしかな

図1-3　デカルト

い「もの」・「霊魂」を想定した「生気論」に対して、「生物は超複雑な機械で、生物と無生物のあいだに本質的な違いはない」という「機械論」が登場しました。イギリスの医師ハーベー(一五七八~一六五七年)は、心臓が血液を全身に送り出している様子をポンプにたとえました。

ポンプとともにそのころ普及したものに、時計があります。デジタルの時計ではなく、現在では少なくなってしまいましたが、歯車を組み合わせ、バネの力で動く時計です。フランスの哲学者・数学者のデカルト(一五九六~一六五〇年、図1-3)は、時計があたかも自動的に動く様子をみて、時計などの機械は部品の組み合わせで規則的な動きをするが、動物も同様に臓器や組織など部品の組み合わせによって機械的な行動をとると考えました。時計の動きが、生物に霊魂など神秘的なものの関与を想定しなくてもよいとの考えをいだかせたのです。

デカルトは「神が宇宙を創造した」というキリスト教の教えを基本としました。教義を背景に、すべてのcreature(被造物)というのは、鉱物のような単純なものから植物、動物、そして人間のような複雑な存在へ、さらに人間よりも高度な天使へと連続的な序列をなしていると考え、人間もふくめてすべての生きものは神が創作した「機械」であるとみなしました。

しかし、彼は人間の心・精神までは機械じかけであると考えることができませんでした。動物には心・精神がなく、単なる機械ですが、人間は単なる機械ではなく心・精神をもっている存在として特別なものと考えました。人間は肉体という物質と、それにふくまれない「精神」という二つの存在から成り立っているとしたのです。

彼は、物質の世界は科学の対象となり、科学的、論理的な研究方法によりそのしくみが解明でき、生きものが生きていることのしくみも自然の現象や機械のしくみを調べるのと同じ方法で解明できると考えました。一方、心や心がからむ諸問題(信仰、道徳、社会など)は、科学があつかう対象ではないとしました。

「いのち」のしくみを解明しようとする生物学、とくに分子を対象とする分野においては、生きものは超複雑な機械ではあるが、無生物とのあいだに本質的な違いはないという機械論的な考えを基本に、目ざましい発展をとげてきました。現在の多くの研究者は、複雑に見える生命現象も、いずれは物理学や化学の言葉で説明できると考えています。デカルトが、現在の生命科学の発展の先鞭をつけたといえます。

それに対して、生気論がいうような自然科学では説明しようのない霊魂の存在は否定したうえで、生きものには物理学的、化学的には説明できない生物固有の法則性のようなものがあるのではないかとの考えもあります。

たとえば、先ほど述べたように、人が死んだ直後、その身体は生きていた直前とほとんど同じですが、「いのち」があるかないかの決定的な違いがあります。たとえ完全に部品がそろっていても、もはやその身体に生命を取り戻すことはできません。

生物固有の法則性があるのではと考える科学者は、生きものをつくっている部品を人工的に製造して組み合わせてもおそらく生命は誕生しないし、さらに高次の精神を再生し復元することは不可能ではないかといいます。つまり、「いのち」は細胞や組織という部品が集められた全体ではなく、部分の総体以上の存在だと考えるのです。

そこでは、自然法則の中には物理学的法則、化学的法則に加えて、生きものにのみ適応し

「いのち」の何たるかを説明できる生物学的法則があると考えます。それがどのようなものか、明快な解答は出ていません。現在、模索中です。

私たちの祖先はどう考えていたのだろう

これまで、哲学者や科学者が「いのち」をどのように考えてきたかを述べました。では、一般の人たちは、自然のなかの「いのち」や「生きもの」、また、自分たちの生と死をどのように考えてきたのでしょうか？

狩猟あるいは採集によって生活していた古代人たちにとって、自然の観察は最も大切なことだったでしょう。生きていくために必要な食料の確保には、動物の習性と植物の性質についての知識が必須であったに違いありません。

たとえば、洞窟（どうくつ）に残っている動物画には、動物の外形だけでなく骨格や内臓も表現されていることがあるそうです。現在でも、狩猟や採集を主体としている種族はきわめて詳細な自然の知識、動植物の生態に関する知識をあたりまえのようにもっているようです。その知識が脈々と後世に伝えられ、蓄積されて近代の博物学につながったのですが、彼らの自然の見方は現代の私たちとは少し違っていました。

　日本のような複雑な地形と気候変化(四季)をもち、台風、大雨や大雪、さらに地震などの自然災害とも背中あわせの国では、丹精をこめて栽培してきた作物をあっという間に全滅させられてしまうことが頻繁にありました。人びとは、自分たちより圧倒的に強力な自然に畏敬の念を抱くとともに、その恩恵を甘受して自然に順応するための経験的な知識を集め、蓄積することにつとめてきました。

　山にも、川にも、木にも、ありとあらゆる自然のなかに「神さま・精霊」がいて、それをあがめ、それにしたがうことによって自分たちの生活や「いのち」が保証されると考えていました。自然と神と人間とは「いのち」という点では一体化していました。人間をふくめ、万物は自然から生を受け、死後は自然にかえると考えていました。その意味では、生きものとそうでないものの区別は、それほどはっきりしてはいなかったでしょう。

　人と神との関わりがみられるひとつに、「子返し」という言葉がありました。昔は、経済的理由などで新生児を人為的に死なせる「間引き」が行われることがありました。これは新生児を「殺す」のではなく、「神の世界に戻す」のだと考えられていたそうです。

江戸時代でも乳児死亡率はたいへん高く、二〇~三〇%もありました。子どもはまだ人間界に定着しきれない存在であり、「七歳までは神のうち」という観念もありました。この考えは、時代とともにだんだん薄れ、「間引き」は許されないものと考えられるようになりました。

さて、古代から現代の私たちまで、心の奥底に流れている考えとして、生と死の循環や死後の世界の存在があります。前者は、人間のいのちは「この世」と「あの世」、「現世」と「来世」の二つの世界のあいだで死と再生がくり返され循環するというものです。自分たちのまわりの世界、たとえば、太陽、月、星の出入りや四季のうつりかわり、それにともなった草木の発芽、生長、枯死、そして次の年での発芽は、循環する死と再生そのものです。自分たちの生と死も循環的なものと考えたのは、ごく自然なことでした。

『古事記』に、人間のことを「青人草（あおひとくさ）」と記述している部分があります。青は生命力がさかんなことを意味しており、人間を草にたとえるかのような言いまわしをしているのです。温暖で湿潤（しつじゅん）な日本では大地からもえ出る草のたくましさに生命力を感じたのではないかということですが、同時に、人の生と死、そして次世代の誕生、青々とした草の発芽と枯死、そしてやがて来る発芽という循環と結びつけているともいえます。

また、循環ではありませんが、「現世」あるいは「この世」での死後には、別の世界「来世」または「あの世」が待っているとの考えもごく普通にありました。

先ほどの私のアンケートでも、三人に一人が「人は死んでも生まれかわる」と信じている
し、半数近い人が「死後の世界がある」と答えています。科学的な見地からいえば、人のいのちは一度きり、生まれかわってもう一度は絶対にないのですが、現代でも生と死の循環や死後の世界が私たちの心の底に願望として残っているのです。

たとえ現世での死が来世での復活を意味するものであるとしても、死は現世でのさまざまな関係を絶つことです。その意味では、死を認識することは、現世での生を意識することでもあります。死を考えることが、生はどのようなものか、どう生きるべきかを考えるきっかけになればよいと思います。

ところで、人類学や考古学の研究によれば、ヒトが死を認識するようになったのは、早くとも、旧人(きゅうじん)(たとえば、ネアンデルタール人)以降ではないかとのことです。一九五〇年代中ごろ、イラクのシャニダールで発掘されたネアンデルタール人(シャニダール四号)の墓に、

洞窟内では咲くはずのない花の花粉が見つかりました。そこで、これらの花は遺体の埋葬時にそなえられたものであり、ネアンデルタール人は死という概念を知っており、故人に哀悼の意を表す心をもっていたと考えられました（ただし、この解釈に対しては、なんらかの動物が種や花を洞窟に貯蔵していたものではないかなど、異論も出されています）。

日本では、縄文時代前期の約一万一〇〇〇年前の長野県野尻湖の遺跡で、死者にトチノキ属やカエデ属の花がそなえられていることが、花粉の分析によって確認されています。これが日本列島における死の認識を示す早い例ということです。

ヒト以外の生きものでは？

では、ヒト以外の動物たちは自分たちの生と死を認識しているのでしょうか？

哺乳類では、特別な関係にあった個体が死ぬと、しばらくは執着心が捨てきれないように見える状況があるといいます。

たとえば、ゾウです。子連れのゾウがいて、その子ゾウがなにかの理由で死んだとすると、母親は長時間、長い場合だと二日もつきそっている例があるそうです。二日ほどたって子ゾウがいつまでも動かないことを知ると、やっとあきらめてそこを立ち去るとのことです。また、死んだなかまのまわりに集まってねぎらうように鼻で体をなでるしぐさをし、あたかも葬式(そうしき)のような行動をとることもあるそうです。

しかしこれは、死んだことを認識して情愛を示しているのではなく、自分の働きかけに対して反応するかどうか見定め、反応しないとわかったときに、単なる物体として対応するようになるとも考えられます。自分の働きかけに対して反応しなくなることが、すなわち死ということでしょう。

チンパンジーは少し違うようです。京都大学霊長類(れいちょうるい)研究所の松沢哲郎教授の著書『チンパンジーはちんぱんじん』(岩波ジュニア新書、一九九五年)によれば、「チンパンジーの母親は弱ってしまいもう自力では立てなくなった娘を枯葉のつもったふかふかした場所を選んで寝かしたが、まもなく娘は死んでしまった。それでも、母親は死んだ娘を背負って一緒に行動したり、夜は樹上にベッドをつくって寝かせ、生きていたときのように、遺体を胸に引き上げて、ひとしきり顔のあたりを毛づくろいしたり、こまめにハエを追い払ったりしていた。やがてひからびてミイラのようになった後でも、もち続けていた」ということです。

図1-4　仲間の死を悼むチンパンジーたち(IDA-Africa：In Defense of Animals ウェブサイトより引用。撮影 MONICA SZCZUPIDER: IDA-Africa Volunteer)

この場合も、娘の死を私たちと同じように感じ取っていたかはわかりません。しかし二〇〇九年、西アフリカのカメルーンにあるチンパンジーの保護施設(ＩＤＡ：AFRICA In Defense of Animals)で、なかまの死をなげくチンパンジーの姿が撮影されて話題をよびました(図1-4)。

野生チンパンジーの保護を目的とする同センターで、四〇歳を迎えたメスのチンパンジーが死亡しました。彼女の体はシーツに包まれて一輪車で墓へと運ばれましたが、なかまのチンパンジーたちはフェンスのまわりに集まりその光景をじっと見守っています。おたがいの背中に腕をのせて彼女の死を悲しむ姿は、まるで人間の葬式のような光景です。

このセンターにいるチンパンジーのほとんどが、密猟者に母親を殺された孤児でした。死んだチンパンジーはそんな孤児たちの母親のような存在だったため、なかまの悲しみやショックも大きかったのだろうか、との報道でした。

このような例はありますが、同種のほかの個体が死んだという認識を明確にもっているのはヒトだけだ、というのが一般的な考えです。

これまで述べてきたように、「いのち」を定義することはたいへん難しいことです。しかし、私たちは日常生活のなかでは、「いのち」の特徴を適切にとらえて「生物」と「無生物」、「生」と「死」などの違いを、かなり正確に判断しています。

次の章では、「生きもの」の特徴を、別の視点から少し具体的にみてみましょう。

第2章　みんな違って、みんな同じ――生きものの多様性と普遍性

生きものは何種類いる?

現在、地球上には何種類の生きものがいるのか、みなさんは知っていますか? そして、そのうちのおよそ何種類が実際に見つけられ、種（しゅ）として確認されているのでしょう?

二〇〇二年に、日本の分類学の関係者が集まってつくられた日本分類学会連合の設立趣旨書によると、これまでに生物学者により登録され、確認されて名前がつけられている生きものは、約一七五万種でした。その後、毎年動物だけで約二万種が新しい種としてつけ加えられているということですので、現在では二〇〇万種以上が登録されていることになります(図2-1)。

さらに、研究者によって違いはありますが、この地球上には三〇〇〇万から一億くらいの種が存在するだろうと推定されています。したがって、予想されている種類の数から考える

と、私たちはまだ全体の数%程度しか知らないのです。残りの九〇%以上は名前がついていないし、その存在すら知らないことになります。

　これまでに確認された種の数は、生きものの分類群ごとに大きなばらつきがあります。当然のことですが、哺乳類、鳥類、植物など大きく目につきやすい生きものは確認されているものの割合が大きく、昆虫や菌類などでは未確認のものが非常に多くあります。

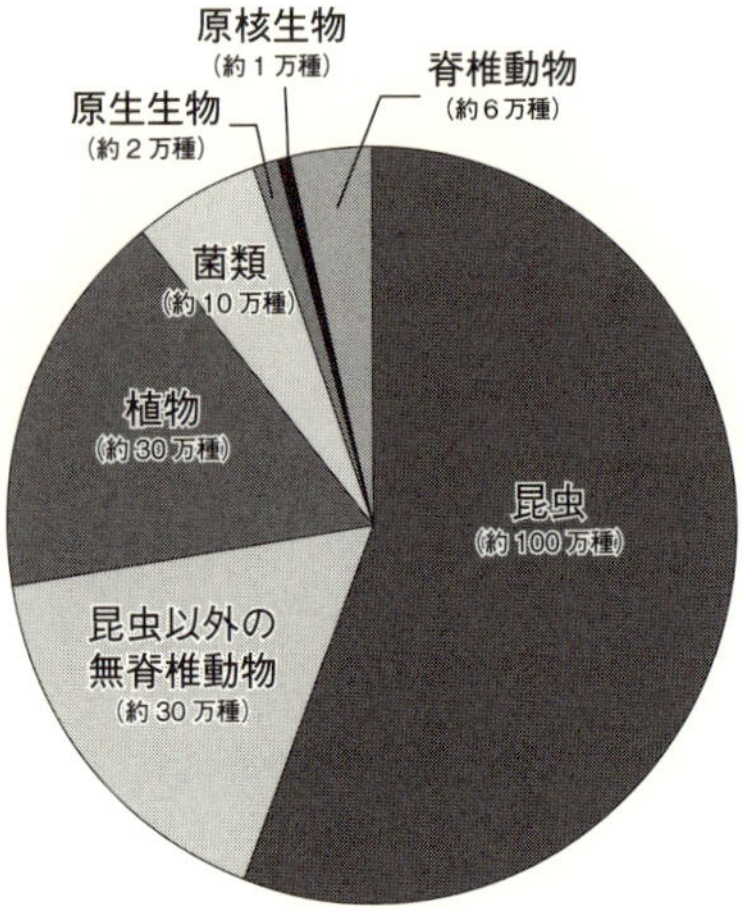

原核生物
（約1万種）
脊椎動物
（約6万種）
原生生物
（約2万種）
菌類
（約10万種）
植物
（約30万種）
昆虫
（約100万種）
昆虫以外の
無脊椎動物
（約30万種）

図2-1　現在確認されている生きものの割合

　昆虫は一〇〇万種ほど確認されていますが、八〇〇万種いるとも、三〇〇〇万種いるとも推定されています。これまで登録されている生物種でさえも、昆虫は半数以上をしめていますので、地球はまさに「昆虫の星」といえそうです。

　また、地球ではいたる所に生きものが暮らしていますが、その種類の多様性は地域によって異なります。地球全体でみると、多くの生物群で、低緯度になるほど、赤道に近づくほど種類が多くなる特徴があります。

とくに赤道付近に分布する熱帯雨林では種の多様性が高く、面積では地表のわずか三％ほどにすぎませんが、地球上の五〇％以上の種が暮らしているといわれます。たとえば、ヒトをのぞく霊長類（れいちょうるい）や昆虫は、それらの種類の九〇％が熱帯雨林に生息しているとのことです。鳥類では約三〇％、種子植物やシダ植物など植物の大部分をしめる維管束（いかんそく）植物では約四五％です。

なぜ熱帯雨林がこのように生きものの多様性に富んでいるかというと、地球が受ける太陽エネルギーは赤道付近が最も大きいため、植物が光合成でつくる有機物が豊富になり、さまざまな食物ができるので、多様な生きかたが可能になり、多様な生きものが共存できる、ということなのです。

みんな違って、みんな同じ

さて、地球上に少なくとも三〇〇〇万種類も存在するという生きものは、「生きている」、あるいは「いのち」をもっているという点ではみな同じなかまです。

生きものは、みんな同じように「いのち」をもっているという普遍性・共通性と、けれど、一つ一つの生きものはみんな違うという多様性の、二つの特徴をもっています。多様性と普遍性という、一見矛盾(むじゅん)した特徴を同時にもっているのが生きものなのです。

生きものたちのことを調べるのには、多様性に注目していく立場――それらの形、食べ物、子孫のふやしかた、ほかの生きものとの関係などを、一つ一つきちんと調べていこうという立場と、すべての生きものの基本となっている普遍性・共通性を調べていく立場――地球上にはいろいろな生きものがいるけれども、それらには生きものとしてのなにか共通のものがあるに違いないと考え、調べていく立場があります。

多様性に注目していく立場には、分類学や生態学があります。一方、普遍性に注目する分野としては生化学、生理学、分子生物学などがあります。

普遍性を求めていくと、生きものの内部に入っていき、小さいほうへと目を向けることになります。たとえば、身のまわりの動物をみると、イヌも、ネコも、ウシも、そしてカエルさえも、外からみればそれぞれ異なる特徴的な姿をしていますが、体の中には心臓があり、肝臓があり、血液が流れているなど、たいへんよく似ています。
もし、これらの動物の胸や腹を開いた内臓の部分だけの写真を見せられたら、どの動物かを見分けることは難しいでしょう。それは、これらの動物に限らず、ヒトもふくめた脊椎動物の多くに当てはまります。

さらに小さく入っていくと、生きものは細胞が集まってできていることがわかります。細菌、酵母、アメーバ、ゾウリムシは一個の細胞で生きています。私たちヒトの細胞も、私たちが個体としては死んでも、取り出された細胞は試験管やシャーレの中で生きていくことができます。

しかし、そのような細胞も、まわりを囲んでいる細胞膜を傷つけて細胞を破壊すると、もはや生きものとしての活動はできなくなります。細胞をこわしてそれ以上小さく分けようとすると、それらは増殖することも、統制のとれた代謝活動を続けることもできなくなってしまいます。

単細胞の生きものはもちろん、多細胞の生きものでも、生きていることの最も小さな単位は細胞です。細胞よりも単位を小さくすると、そこにはもはや「いのち」は存在しません。

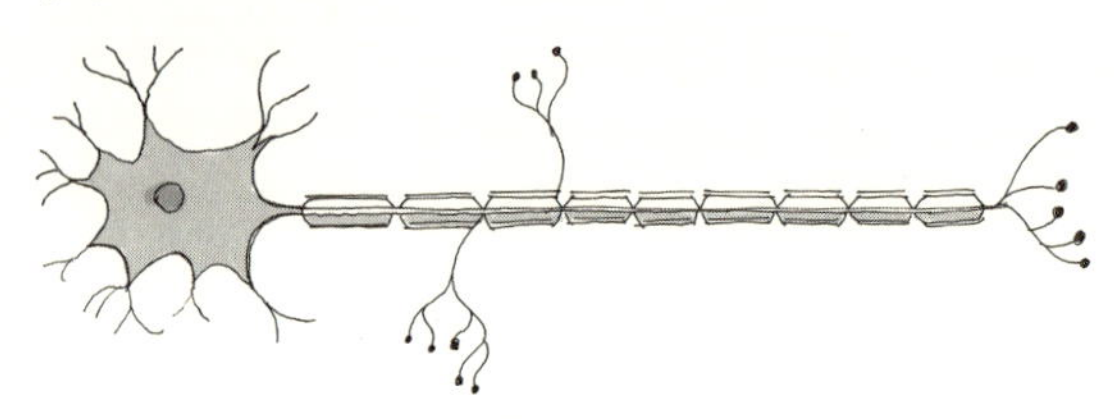

図2-2　さまざまな細胞のかたち

細胞をもっているものが生きものであり、逆に、すべての生きものが細胞をもっているといえます。まさに、細胞は生きていることの最小単位、いのちの素粒子です。一つ一つの細胞はそれ自身が生きています。

「生物は細胞でつくられている」、そして、「一つ一つの細胞は生きている」ということになると、細胞の性質がわかれば生きものが生きているとはどういうことか、「いのち」のしくみはどうなっているのかがわかる、と考えるのが自然です。

ところで、ひとくくりに「細胞」といっても、細胞にも多様性があります。身近な細胞を考えても、肝臓、神経、筋肉などの細胞は形や働きに大きな違いがあるのです(図2-2)。

すると、「生きものには多様性と同時に普遍性がある」と考えたように、これらの多様な細胞たちにも共通した性質、つまり普遍性があり、それは何だろうと考えるのが自然でしょう。

二〇〇九年のノーベル生理学・医学賞受賞者で、現在人工細胞の構築を目指しているアメリカの生物学者ショスタック（一九五二年〜）らは、細胞として最低限備わるべき要素として、「境界」「情報」「触媒（しょくばい）」の三つがあるといっています。彼らはこれら三つの要素をもっているもの――細胞を人工的につくろうとしています。つまり、人工的に生命をつくろうとしているのです。

細胞には、外界から内部を守る細胞膜（境界）の内側に、細胞の個性を記述する遺伝子（いでんし）（情報）が存在します。そして、内部にある酵素（こうそ）（触媒）反応系が細胞を維持する代謝を行い、細胞分裂によって増殖し、次世代へと「いのち」をつなぐ活動を維持しています。

これらは大腸菌のような細菌の細胞から私たちヒトの細胞まで、細胞のもつ共通した性質です。同時に、これら三つの条件は、ヒトのように多くの細胞からなる生きものの生きているという現象の普遍的な特徴でもあります。

前の章で述べた「自己複製」と「物質代謝」は、ここでは「情報」と「触媒」という言葉で表されています。

「いのち」の基本はみんな同じ――複製の普遍性

それではまず、生きものにはどんな普遍性があるのか、少し立ち入ってみてみましょう。

生きものには、動物、植物、微生物など、大きさも形も生きている様子も異なる、きわめて多くの種類がありますが、これらをつくっている物質は化学的に共通しています。

生きものをつくっている物質は、水、有機物、そのほかの物質に分けられます。おもな有機物はタンパク質、糖質(炭水化物)、脂質、核酸(かくさん)などです。ホルモンやビタミンなども有機物のなかまです。そのほかに、いくつかの無機物(鉄、銅、リン酸など)も生きものの活動には必須です。それらのほとんども、微生物からヒトまで共通しています。

よく知られているように、親の性質が子やそれ以降の世代に伝えられていくことを「遺伝」といいます。そして、その性質を伝えていく要素が「遺伝子」です。遺伝子はまた、生きものの体をつくり、生きていくための活動に関する情報をになっている「いのち」のレシピでもあります。それ自身が生きているわけではなく、生きることを命じている、あるいは演出しています。すべての生きものがそれぞれ、自分用の遺伝子を必ずもっています。

遺伝子は親から子へ、そして、少しずつ変化しながら生きものからほかの生きものへと、生きものが誕生してからずっと伝えられてきました。

遺伝の情報は、核酸を構成している四種の塩基（えんき）、アデニン(A)、グアニン(G)、シトシン(C)、チミン(T)またはウラシル(U)の並びかた(塩基配列)で表されています。その情報を子孫に正確に伝えるために、まず遺伝子が複製されなければなりませんが、正確に複製されるための基本的なしくみは、生きもの全体に共通しています。

その原理を解き明かしたのは、アメリカの生化学者ワトソン(一九二八年〜)とイギリスの物理学者クリック(一九一六〜二〇〇四年)です(図2-3)。彼らは、DNAの構造がどのようなものであれば、DNAの中の塩基の並びを正確に複製できるのかを考えました。当時解析されていたDNAのエックス線解析像をもとに、ブリキ板でつくったアデニン、グアニン、シトシン、チミンの四種の塩基の模型をいろいろ動かしながら研究していたある日、アデニンとチミンが化学的に結合した形と、グアニンとシトシンのそれとが似ていることに気がつ

図2-3　ワトソン(左)とクリック(右)

いたのです。そこで、DNAに二重らせん構造をとらせると、遺伝現象などこれまで知られている生物的な現象が次々と説明できることがわかりました。この発見は、医学や農学をふくむ生命科学全体における、二〇世紀最高の成果といわれています。

生きもののなかで実際の働きをになっているタンパク質が遺伝子の情報によりつくられることや、その情報の伝達のしくみも、生きものすべてがほとんど同じです。その普遍性があるからこそ、特定の遺伝子を入れかえたり除去したり、追加したりする技術(遺伝子組みかえ技術)が可能となり、遺伝子工学が発展することになりました。

たとえば、糖尿病の治療に使われているインスリンは、かつては何千頭ものブタやウシのすい臓から抽出していました。それが、ヒトのインスリンの遺伝子を大腸菌に入れることによってインスリンを大腸菌につくってもらえるようになり、数リットルの培養液から得られるようになったのです。その後、酵母（こうぼ）を使って製造する技術も発達しました。

このように、必要なタンパク質の遺伝子を目的に最も適した生物や細胞に導入することによって、効率よくそのタンパク質を得ることができるようになりました。

代謝の普遍性

私たちは、三大栄養素とよばれるタンパク質、糖質、脂肪などを食物として取り入れ、それを材料にして自分の体を構成する分子をつくったり、構成分子の合成や私たちの活動のためのエネルギーをつくる代謝反応を行っています。

私たちの体の中で行われている代謝反応はすべて、ある物質が別の物質に変化するという化学反応です。同じような化学反応を実験室や化学工場で行うときは、強い酸やアルカリを加えたり、高温や高圧にしたり、また、化学触媒を加えて反応が特定の方向にはやく進むように工夫しています。

触媒というのは、自分自身は変化しないで、化学反応をはやめる物質です。生体内（せいたい）でこの役割をしているのが「酵素」であり、酵素は「生体触媒」とよばれています。そして、酵素の本体はタンパク質です。たとえば、私たちの体の細胞では、一つの細胞の中に二〇〇〇〜四〇〇〇個(種類)の代謝反応があり、それぞれに特定の酵素が働いています。

酵素は、生体内の穏和な環境(ヒトの場合はほぼ中性pH、三七℃、一気圧)の中で代謝反応を素早く進めています。一般の酵素は、それがないときに比べて反応を一〇〇万倍から一〇〇兆倍の速さに加速することができます。たとえば一〇〇億倍の速さを単純に計算すると、酵素がないときに約三〇〇年かかる反応を、酵素があるとなんとたった一秒で行えることを意味しています。

さて、食物として取り入れたタンパク質、糖質、脂肪などの大部分は、細胞内で異化反応(後述)を受けます。これらの栄養素のうち、タンパク質はアミノ酸まで分解された後、多くは再びタンパク質として組みかえられます。一方、糖質や脂肪の大部分は、異化反応により二酸化炭素にまで分解され、その過程で放出されたエネルギーが取り出されてATP(アデノシン三リン酸、Adenosine Triphosphate)という化学物質の中にたくわえられます。

ATPは、細胞などがエネルギーを必要とするとき、この物質を使う(分解する)ことによって必要なエネルギーを再び取り出すことができるので、「エネルギーの通貨」といわれています。異化反応とは、このＡＴＰを生産する反応です。エネルギーの貯蔵と伝達にＡＴＰを使っていることもすべての生きものみな同じで、普遍性があります。

生きものが、自分が活動するために必要なエネルギーをつくる主要な方法として、発酵、呼吸、光合成などがあります。このうち一番古いのは発酵で、解糖系とよばれるほとんどすべての生きものに共通に存在する代謝系です。これは、酸素のない状態で有機物（グルコース・ブドウ糖）を分解しエネルギーを得る方法です。取り出されるエネルギーは直接ＡＴＰなどのエネルギー貯蔵物質に渡されます。この反応系は、有機物を二酸化炭素まではなく、途中までしか分解できず、最終産物を廃棄物として細胞外に排せつします。

その廃棄物には、乳酸菌による乳酸、酢酸菌による酢酸、酵母によるアルコール（エタノール）などがあります。乳酸も、酢酸も、アルコールも私たち人間には役に立つものなので、乳酸菌や酵母が乳酸やアルコールをつくることを目的に代謝しているように思えます。しかし、実際はそうではなく、それぞれの生きものにとっては排せつ物の一つです。私たちが彼らの排せつ物を利用しているにすぎません。

さて、これらの排せつ物だけに注目すると、乳酸菌や酵母の細胞内でまったく異なる代謝

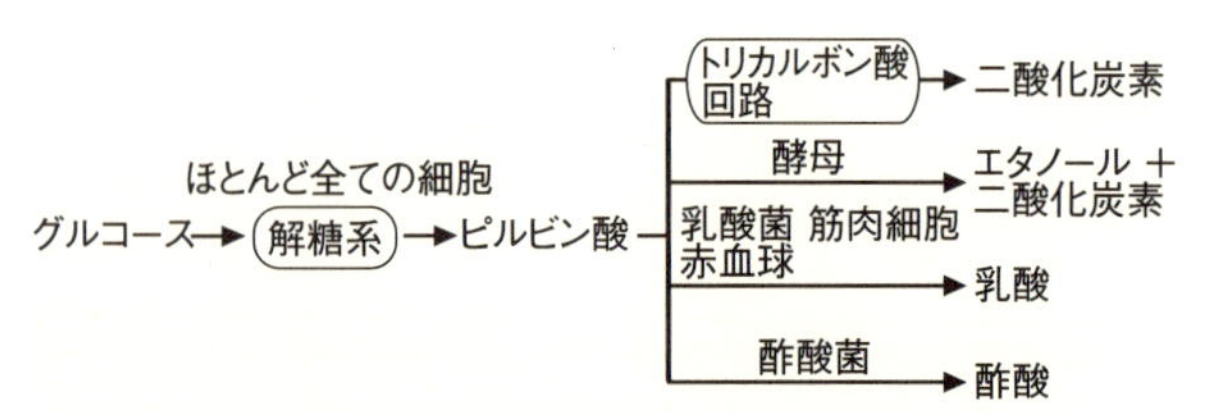

図2-4　代謝の普遍性。グルコース（ブドウ糖）からピルビン酸までの解糖系とよばれる10個の反応はほとんどすべての生きものや細胞に共通するが、ピルビン酸が次にどのように代謝されるかは、生きものや細胞によって異なる。ヒトをふくむ多くの生きものの酸素を必要とする細胞は、9個の反応から成るトリカルボン酸回路を経て二酸化炭素まで代謝される。酸素の供給が少ないときや、この回路のない細胞では、ピルビン酸から1〜2段階でエタノール、乳酸、酢酸などに変換され、最終生成物が異なる

が行われているように見えます。しかし、実際には代謝系はほとんど同じであり、グルコースを原料として十数反応あるなかの、最後の一または二反応のみが異なるだけです（図2-4）。

それぞれの反応に関与している酵素タンパク質の構造や働きも、生きものによる違いはほとんどありません。たとえば、乳酸の生成については、私たちヒトの赤血球や筋肉細胞も乳酸菌とまったく同じことをやっています。見かけは非常に異なっていても、ほとんどは同じプロセスを行っているのです。

こうした現象は生きものの基本的な反応では、ふつうにみられることです。分子のレベルになると、自己複製の方法も物質代謝の内容も、生きも

のはみな、ほとんど同じしくみをもっています。そして、そのわずかな違いの部分が、種の違いとして表れてくるのです。

多様性と普遍性をつなぐもの――DNA・ゲノム

自分と同じものをつくり子孫を残すこと、すなわち自己複製能、そして、まわりから物質を取り込んで体や活動のためのエネルギーをつくり、自分を維持する物質代謝を行う能力をもつこと。それが生きているということであり、生物と無生物を区別する特徴であることは、すでに述べてきました。これらが、すべての生きものに共通のもので普遍性です。

ですが、生きものには違いがあり、たくさんの種類があり、多様性があります。みんな同じだけどみんな違う、たがいに矛盾しているように思える普遍性と多様性の関係はどうなっているのでしょう？

両者がつなげられる研究は、一九世紀半ばに始まりました。ドイツの植物学者シュライデン（一八〇四～八一年）とドイツの生理学者シュワン（一八一〇～八二年）により提唱された、植物や動物はすべて細胞からできているという「細胞説」（一八三八年）、ダーウィンの「進

図2-5　エンドウ豆の花をもつ、メンデルの肖像切手

化論」(一八五八年)、そして、オーストリアの植物学者で修道士のメンデル(一八二二〜八四年、図2-5)によりエンドウ豆を用いた実験から得られた、生きものの性質・形質が子孫に伝えられる法則の発見(一八六五年)がもとになった「遺伝学」から始まったのです。さらに、一九世紀末に始まった生化学と、ここ半世紀ほどの分子生物学のめざましい発展により、両者は結びつけられました。

仲介者は「ゲノム」です。DNAというのは正確には情報をもっている、あるいは情報を形づくっている素材、化学物質のことを指すのに対し、ゲノムは、一つの細胞あるいは生きもののなかにあるすべての遺伝情報の総称です。

生きものはみな細胞からなり、そのなかにゲノムが入っています。ゲノムをもっているということでも、生きものはみな共通しています。ゲノムのなかの情報が実現化されることによって生きものはそれぞれ生きているという状態を保つことができます。どのような酵素をつくり、どのような代謝を行うかはゲノムが決めています。

一方、ゲノムは個々の生きものの性質を決めています。どのようなかたちをつくるかも、ゲノムが決めています。私が私であることは、私のゲノムが決めているわけです。

このように、ゲノムは生きものの普遍性を演じることもできるし、多様性も発揮できます。「生きものは同じだけど、違う」ということが、ゲノムが橋渡しをすることによって実現され、ゲノムを調べることにより、それらの関係がわかってきます。

新しい種の誕生

では、ゲノムの情報が正確に子孫に伝わっていくとしたら、どのようにしてゲノムを通じて新しい種（しゅ）ができるのでしょう？　生きものの多様性はどのようにして生まれたのでしょう？

いま「新しい種」といいましたが、そもそも、「種」とは何でしょう？　昆虫や植物のなかには、同じなかま、同じ種と思われるほどよく似ているのに、違う種であることがよくあ

図2-6　クジャクのオス(左)とメス(右)

ります。たとえば、アゲハチョウを思い浮かべてみてください。形や大きさはよく似ていても、もようが異なるチョウがたくさんいます。それらはたいてい違う種に分けられます。

ところが、外見が非常に異なるように見えても、同じ種のこともあります。たとえば、クジャクなど鳥のなかまでは、オスとメスで外観が違うことが多くあります(図2-6)。また、イヌをみるとシェパードやレトリバーなどの大きなものもあればチワワのような小さなもの、脚の短いもの、背の高いものとたいへん多様ですが、同じイヌという種です(図2-7)。

じつは、「種とはなにか」という定義は、生物学の究極の課題といわれるほど難しく、現在、専門家

図 2-7　姿は大きく異なるが、すべてイヌという種

のあいだでも完全に同意が得られている定義はありません。古くから、外観や体内部の形の異同によって種を区別してきました。しかし、この方法では、どのような特徴を判断の基準とするかがあいまいで、観察者の主観が入る問題点が指摘されています。

そのためここでは、一番わかりやすい「自然の条件下で、交配により子孫をつくることができる個体同士を同じ種とする」、言いかえれば「交配が起こらないこと（生殖隔離という）が種の違いを示す」とします。

もちろん、これは有性生殖をする生きもののなかで、おもに動物において成り立つ定義です。有性生殖をしても、植物、菌類、原生動物などには多くの例外があることが認められています。さらに、細菌など無性生殖を行う生きものたちの種の違いはあいまいで複雑であり、ここでは取りあげないこととします。

現在、地球上にはヨーロッパ系、アジア系、アフリカ系など一見して区別できる人種がいますが、どこの地域の人たちとも交配して子孫を残すことができます。したがって、現在はヒトという種は一種類しかいません。先に述べたようにイヌも同様です。

一方、ライオンとヒョウを強制的に交配させることによって、レオポンという雑種が生まれますが、レオポンはほとんど繁殖力をもたないので、ライオンとヒョウは、たがいに交配できても同じ種とはいいません。同じように、ウマとロバとの交配で生まれるラバも生殖能力がありませんので、ウマとロバは同じ種ではありません。種とは何かを考えるには、子孫を残せるかどうかが大切です。

では、どのようにして、新しい種が誕生するのでしょうか？　体をつくっている細胞のゲノムを構成する塩基が、別の塩基に変化する突然変異（とつぜんへんい）が起こって、その個体に変化が現れたとしても、子孫には変化は伝えられません。しかし、子孫にゲノムを伝えていく生殖細胞のゲノムに突然変異という小さなきっかけが起こると、その変化は子孫に伝えられます。

たとえば、私たちの体細胞の遺伝子に突然変異が起こって病気になっても、その病気は子孫には遺伝しません。このような病気を「遺伝子病」といいます。がんの大部分は遺伝子病です。これに対して、精子や卵子などの生殖細胞の遺伝子に病気を起こす変異があり、病気が次世代に伝えられるのは、「遺伝病」といい、区別されます(卵巣(らんそう)がん・乳がん、大腸がんの一部は遺伝する可能性が指摘されています)。

自然環境での突然変異はゲノムの中の特定の場所に起こるのではなく、どこに起こるかは偶然に左右されます。この偶然に起こる変異によってわずかに性質の違うさまざまな子孫がたくさん生まれることになります。

健康な人の多くは、自分が変異遺伝子を一つももたずに生まれたように思っています。しかし、遺伝子ＤＮＡが複製される度に一定の割合で変異が生じます。塩基約一万個の読みとりにつき、一個の割合で誤りが引き起こされるといわれていますので、約三〇億個の塩基からなるヒトのゲノム全体では約三〇万個の反応の誤りがあることになります。したがって、私たちはみな、なんらかの変異遺伝子をもって生まれるのです。そのなかのあるものは病気や身体的変化(多くの人とは違った形)として表れますが、多くの変異遺伝子は、明白に見える形で表れていないにすぎないのです。

生殖細胞に突然変異を起こした個体が子孫を残せなければ、その性質はその個体で終わりです。しかし、突然変異を起こした個体が子孫を残したら、その突然変異が子孫に受けつがれることになります。こうしたことが、世代を重ねて何回も起こり、突然変異によるわずかな変化が次々と子孫に積み重なっていきます。

こうして、複数の変化が蓄積されていきます。何世代にもわたり、長い時間をかけてその集団に属する生きもの全体の形態や性質などが変化していきます。最初の集団と変化した集団が繁殖できない、つまり、交配により子孫を残すことができないほどたがいに変化したとき、新しい種となる生きものが誕生したと考えます。

地球上に生息する多種多様な生きものは、ある日突然現れたのではありません。ゲノムの変化・突然変異が子孫に伝わることにより、新しい種が誕生できる可能性ができ、そのような変化が積み重ねられ、長い時間をかけて生みだされてきたのです。

種の定着と多様化

新しく誕生した生きものが、新しい種として定着し、ある期間存在し続けるためには、自然環境、生息場所、食物など、その種が環境に適応できる能力があり、その環境のなかにその種を受け入れる余地がなければなりません。

新しい種の生きものは、元の種と似ていますから、食べ物も生息場所も元の集団と似ているはずです。すると、元の集団とそれらをめぐって競争になります。食べ物や生息場所を変えて自分たちの居場所をつくって、はじめて共存が可能になります。

また、自然環境、生息場所、食物などに変化が起きたとき、新しい環境に適した性質をもつ種が優先的に勢力をのばすことになります。これまでに地球上に現れて存続してきた生きものたちは、それぞれが自分の生息環境を確保できたのです。

食べものに適応した有名な例は、ダーウィンが進化論を提唱するきっかけとなったとされるガラパゴス諸島とその近海のココス島に生息するダーウィンフィンチとよばれる鳥です(図2-8)。この鳥は一四種に分類されていますが、種類によって食べものが異なり、色や大きさも少しずつ違っています。

最も特徴的なのはくちばしで、オウムのような太いくちばしのものや、ペンチのようなもの、細長いラジオペンチのようなものなどさまざまです。これらはそれぞれ、種子を食べる

1 2 3 4

1. Geospiza magnirostris. 2. Geospiza fortis.
3. Geospiza parvula. 4. Certhidea olivacea.

図2-8　ダーウィンフィンチ。場所により食べ物が違うため、それぞれに適応した形のくちばしをもつ種が生き残り、定着した

ため、かたい果実をくだくため、花のみつを吸うために適しています。これは、種の分化とともに、これまでの種とは別の食べものを食べることができるようになった種が、生きのびてきたことを示しています。

新しい種が誕生すると、それによってさらに別の生きもののなかに新しい種が生まれる可能性が出てきます。新しく誕生した生きもの自身が新しい食べ物となって、それを食べる新しい生きものを誕生させる可能性があるからです。

たとえば、花が咲く新しい植物が誕生すると、昆虫(チョウ、ハチ、アブなど)のなかにその花のみつを好んで吸う新しい種の出現を可能にします。すると、この新しい種の昆虫を好んで捕食する小動物(クモ、カエル、カメレオンなど)の新しい種が出ます。そしてさらに、新たに現れた小動物を獲物とする肉食動物(トリ、ワニなど)の新しい種が出現するというの

です。

こうして、新しい種の出現は、食べ物をめぐる新たな上下関係（食物連鎖）を可能にし、新しい種の出現を可能にして、多様性が増すことになります。そして、今までにはなかった新しい生態系、生きものたちの社会が生まれるのです。

ところで、花と昆虫との関係は、一方通行ではありません。昆虫はみつや花粉を求めて花から花へと飛びまわっていて、花が昆虫にえさを与えているようにみえますが、花をおとずれる昆虫は、自分で動きまわることのできない植物の生殖のために、花粉の運び手として役立っています。花と昆虫はおたがいに、相手の生存に欠かせない存在なのです。

この関係のなかには、ある決まった種の植物の花粉を決まった種の昆虫が運ぶという、一種対一種に近い関係のものがあることも知られています。つまり、この植物か昆虫のどちらかがいなくなったら、残されたほうも生きてはいけなくなる可能性が高いのです。

大量絶滅が多様性を生んだ

このように、生きものの生存は、生息場所や食物をふくめた環境によって左右されるので、環境が大きく変化したほうが新しい種が出現する可能性が高くなります。

環境が安定した世界では、生きものたちにとってはそのまま変化しないほうが生存に有利な場合が多く、現在存在している種に小さな改良をつけ加えるだけの変化しか期待できません。すると、現存している生きものが環境への適応をより高めることになり、限りのある生息地や食物を独占し続けるので、新たな種が現れにくくなるのです。

これに対して、大きな環境変化によって多くの生物種が消えたあとには、新たな生きものを受け入れる余地が生まれます。環境変化にかろうじて対応できたものだけが生きのび、それらの生きものが新たな環境に適応するように新しく多様な生存戦略を生み出し、競争相手が少ない環境に自由に進出して、急速にさまざまな方向に分化できます。

生きものの進化の歴史を長いスケールでみれば、絶滅こそが多様性を広げてきたといわれています。もし環境が回復しても、そこに現れる生きものは以前にいたのとまったく同じ種の生きものではありません。地球規模での、生きものたちの大きな入れかわりが起きるのです。

現在につながる長い進化の過程で、膨大な数の生きものたちが現れたはずですが、その

表 2-1　生物の大量絶滅

時　代	絶滅率(%)	おもな絶滅生物	おもな環境変動	地質年代	
4億4000万年前	85	オウム貝 三葉虫	気候寒冷化	古生代	オルドビス紀末
3億6000万年前	80	三葉虫 板皮類魚類 (原始的魚類)	気候寒冷化	古生代	デボン紀末
2億5000万年前	90	腕足類の貝 三葉虫	大規模火山活動	古生代	ペルム紀末
2億年前	60	アンモナイト 二枚貝・巻貝類	大規模火山活動	中生代	三畳紀末
6600万年前	60	アンモナイト 恐竜	巨大隕石衝突	中生代	白亜紀末

ほとんどは姿を消しました。化石として残された過去の生きものたちの記録から推定して、これまでに地球に現れた生きものの九九%が絶滅したと考えられています。現存する生きものを仮に三〇〇〇万種とすると、三〇億種に達する多様な生きものが現れ、そして絶滅した計算になります。

これまで、「いのち」の歩んだ道は大量絶滅のくりかえしの道でもありました。私たちヒトに「いのち」が受け渡されるまでに、少なくとも五回の大絶滅がありました(表2-1)。

このうち、三度目の大絶滅はおよそ二億五〇〇〇万年前に起こりましたが、これは生きものの歴史のなかで最大の大量絶滅でした。

図2-9　三葉虫の化石

海洋生物種の最大九六％、すべての生物種でみても九〇〜九五％が絶滅したといわれています。たとえば、およそ五億四〇〇〇万年前に現れたとされる節足動物の三葉虫(図2-9)は、その前の絶滅期(約三億六〇〇〇万年前)に打撃を受けて減少していましたが、このときに完全にとどめをさされたとのことです。

　最後の大量絶滅は、約六六〇〇万年前。巨大な隕石(小惑星)の衝突による熱、衝撃波などによって、地球全体が火の海となりました。現在の鳥類につながる種をのぞいて、当時地球上の覇者であった恐竜が絶滅してしまったのも、このときです。

　これらの大絶滅は、いずれも地球規模の環境の激変が原因です。しかし、過酷な環境変化により大量絶滅があったにもかかわらず、それを乗りこえてきた生きものもあったからこそ、「いのち」がとだえずに現在に伝えられてきました。それは環境変化の起きる前から、多様な生きものが存在していたからと思われます。

地球環境の急激な変化と大量絶滅は、当時の生きものたちにとっては大惨事ですが、生きもの全体の長い歴史を考えると、新しい種を生み出すチャンスでもあったのです。たとえば、もし、二億五〇〇〇万年前の大量絶滅がなかったとしたら、恐竜は現れなかったかもしれません。

また、ヒトをふくむ哺乳動物の祖先は、巨大な恐竜たちの足もとを動きまわっていた小さなネズミのような動物であったといわれています。もし恐竜たちが生きのびていて、現在でも地上を制覇していたら、現在のように多様な哺乳動物が生まれてくることもできなかったかもしれません。

ヒトが生まれる可能性も、あったかどうかわかりません。仮に生まれるチャンスがあったとしても、現在ほど繁栄できなかったかもしれません。大量絶滅が生きものの歴史を大きく変えてきたといえるでしょう。

このように、進化の道すじは偶然に引き起こされた変異によってつくられた膨大な選択肢のなかから、環境が選択したといえます。環境の変化も、小惑星の衝突など偶発的なものが多く、「いのち」の道すじは、予測できず再現のできない旅をしてきました。

一方で、小惑星の落下は、哺乳類と恐竜との立場の入れかえを早めたにすぎないのではないか。いずれはほかの何らかの環境条件が、哺乳類に備えられた恐竜たちにまさる生きかたを発揮する機会を、遅かれ早かれもたらしたのではないか、との考えもあります。

ヒトも一人ひとり違う――個の多様性

これまでは、生きものにはたくさんの種があるという「種の多様性」について述べてきましたが、「みんな違う」という言葉には、私たちヒトのように種のなかの個体もそれぞれに違い、一つとして同じ個体はないという、種のなかの「個体の多様性」もふくまれています。

個体の多様性は、有性生殖によってうまれます。有性生殖では、減数分裂という過程で、対をつくっている染色体が、父親由来の染色体と母親由来の染色体の二つに分かれ、それぞれをもつ配偶子(精子や卵子)がつくられます。染色体が二本(一対)しかない場合は、父親由来と母親由来の染色体をもつ二種類の精子や卵子ができます。染色体が四本(二対)であれば、父・父、父・母、母・父、母・母の組み合わせの四種類の精子や卵子がつくられます(図2

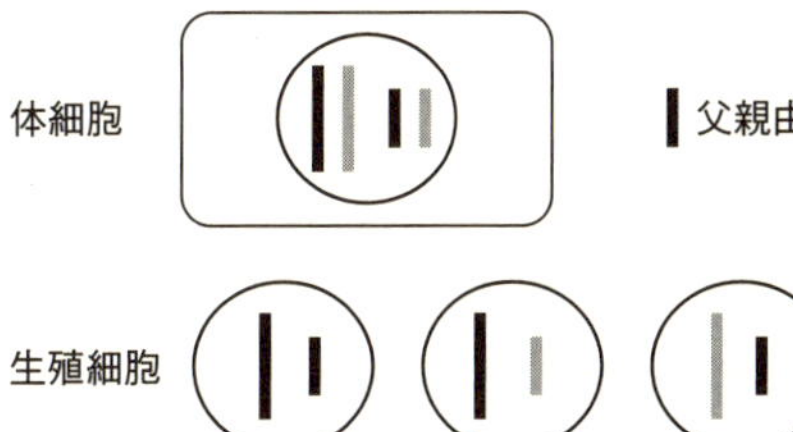

図2-10　生殖細胞の染色体（染色体が2組4本の場合）。3組6本であれば、生殖細胞は2の3乗＝8種。ヒトの場合は23組なので、2の23乗＝838万8608種類

-10）。

私たちヒトは二三対の染色体をもっているので、その組み合わせの数は二の二三乗となり、約八四〇万種類の精子や卵子がつくられます。

実際には、減数分裂でただ単に染色体が二本に分かれるのではありません。これらの染色体がねじれて一部が交叉（こうさ）し、そこで遺伝子を交換して、部分的な組みかえが起こります。その結果、配偶子の遺伝子は、親のもっているものとまったく同じではなく、祖父母由来の遺伝子が部分的にまじりあった、新しい遺伝子のセットになります。私たち一人ひとりは、八四〇万種類以上の違った卵子や精子をつくっているのです。

受精では、このなかの一つずつが出会って一緒になるので、少なくとも八四〇万×八四〇万、すなわち、同一

の両親であっても七〇兆以上の異なる種類の子孫が生まれる可能性をもっています。これらはすべて、親と違った新しい遺伝子のセットをもちます。親が違えば、当然セットの内容も違いますから、多様性の数は膨大なものになります。したがって、同じ遺伝子セットの個体は、一卵性双生児（いちらんせいそうせいじ）同士をのぞいては、過去にも将来にも二つと存在しないものなのです。

このように、ヒトに限らず有性生殖を行う生きものにはみな、種のなかに個の多様性が存在します。これは、「遺伝子の多様性」とよばれています。

一方、有性生物であっても、無性生殖を行うことにより個体が増えていく場合があります。たとえば、チューリップの球根、ジャガイモの種イモ、ツバキのさし木による増殖など、種子によらない増殖方法は、植物の繁殖技術として広く使われてきました。

日本ではお花見といえばまず桜ですが、その多くをしめるソメイヨシノは、全国にあるものすべて一本の原木からつぎ木やさし木でふやしたもので、すべて同じ遺伝子をもちます。このような生きものを「クローン生物」といいます。

クローン生物は遺伝的には親とすべて同じ性質をもっているので、品質のそろった農作物、園芸作物などの生産に役立っています。しかし、種のなかに多様性がないので、環境の変化に対する適応性や病気に対する抵抗性が低くなります。つまり、遺伝子の多様性が低いと、病気などによって、まとめて滅びてしまう可能性があるということです。

コラム　日本の生きものたち

さて、日本には、何種類の生きものがいるのでしょうか？　これまでに確認された種は約九万種ということですが、なかでも昆虫は約三万種と、全体の三分の一を占めています（実際にはその三〜四倍はいるだろうといわれています）。日本国内でさえも、まだ見つかっていない昆虫がとてもたくさんいるのです。

日本列島はユーラシア大陸の東のはしにあって、北はオホーツク海、西は日本海、南西部は東シナ海をはさんで大陸に面し、東は太平洋に接した島国です。陸地としては、千島列島弧（ウルップ島以北はロシア領）、本州を中心とする日本列島弧、沖縄を中心とする南西諸島弧、伊豆・小笠原諸島弧の四つの列島弧があり、そのほか、太平洋上には南鳥島、沖ノ鳥島、沖大東島、日本海には隠岐島、竹島などがあります。

北は宗谷岬の北緯四六度から南は北緯二〇度の沖ノ鳥島、西は東経一二三度の与那国島から東は東経一五四度の南鳥島までと、意外と広い自然をもっています。

　日本列島の大部分は温帯ですが、本州の高山および北海道は亜寒帯に、南西諸島と小笠原諸島は亜熱帯に属しており、それにともなって、多様な動植物や昆虫などが生息しています。同じくらいの面積をもつ、たとえばヨーロッパの国々と比べても、生きものの多様性が高いのが特徴となっています。

　世界地図を広げて、日本とほぼ同じ陸地面積のドイツと、周辺の島々をふくむ日本全体とを比べてみてください(図2-11)。ほぼ四角形でコンパクトにまとまったドイツに比べて、日本の自然の広さが一目瞭然です。気候や生きものが多様なのがうなずかれます。

　緯度に注目してながめると、同じくらいの緯度であると思われがちなヨーロッパの国々が、じつはかなり高緯度に存在することにも気がつきます。たとえば、日本とドイツとでは、緯度的にはまったく重なっていません。ドイツ最南端のアルプス地域であっても、宗谷岬より北に位置します。また、日本最北端の都市、稚内市は、陽光降りそそぎ南国のイメージがするフランスのリヨン市やイタリアのミラノ市と、ほぼ同じ緯度で

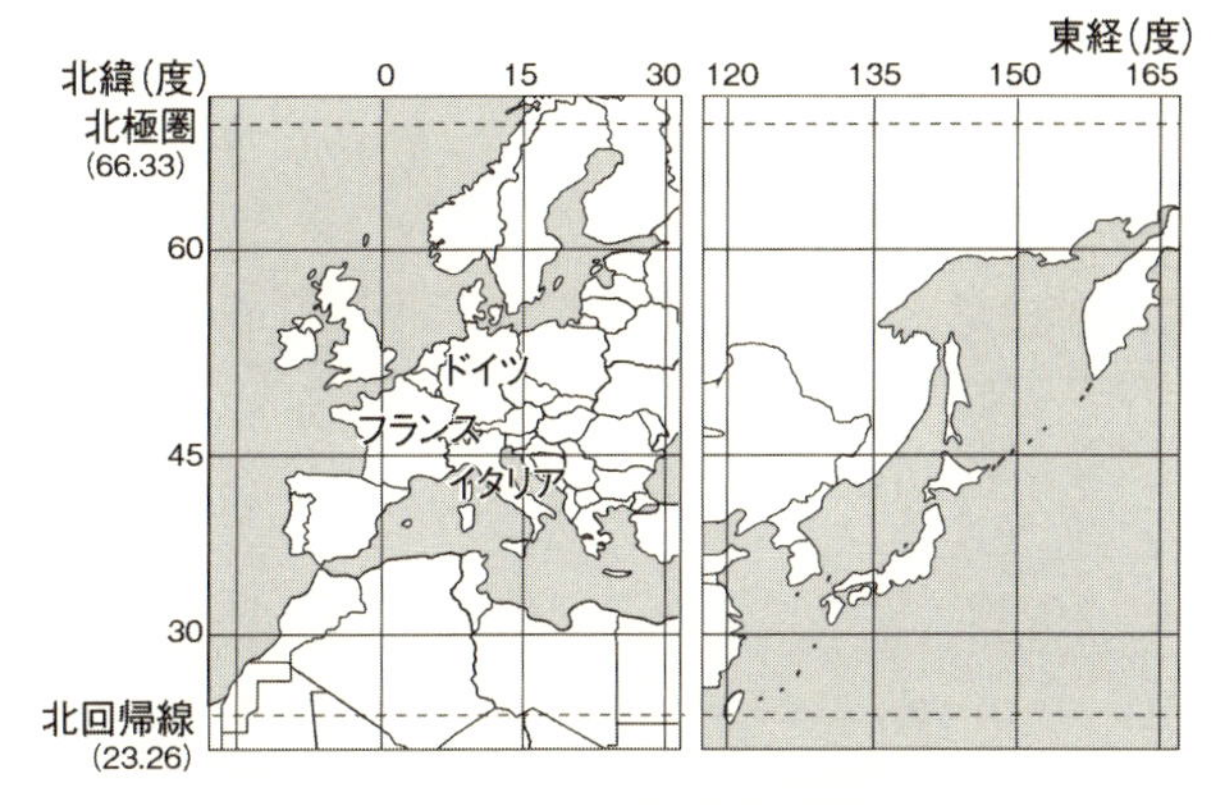

図2-11　日本とヨーロッパの緯度と広さの比較。ヨーロッパは日本に比べて高緯度に位置している。また、ヨーロッパの国々はコンパクトなのに対し、日本は北緯46～20度、東経123～154度までの多様な自然が広がっている

す。

ヨーロッパの国々が高緯度にもかかわらず温暖な気候なのは、ヨーロッパ大陸の西側にある大西洋を北上する暖流の北大西洋海流から、偏西風（へんせいふう）によって暖かい風がもたらされるためです。

また、日本列島の年平均降水量は約一七〇〇㎜で、世界の陸地の年平均降水量のほぼ二倍で、湿潤（しつじゅん）気候となって日本全土で森林が発達する条件を備えています。そのため、国土の三分の二が森林でおおわれているのも特徴です。おかげで、都会であっても車や電車に一～二時間も乗れば里山から山地に行くことができ、気

温の変化や多様な植物や昆虫などを楽しむことができます。

さらに、日本は島国でもあるので、日本にしか生息しない固有種の割合が高いのも特徴です。たとえば、日本にいる哺乳類の約二〇%、カエルやイモリなどの両生類の約七五%が日本固有種とのことです。

第3章　いのちの旅、七つのビッグ・イベント

再び、私たちの「いのち」のはじまりをたずねて

序章では、あなたの「いのち」のはじまりをさがすために、あなたに「いのち」を伝えてくれた祖先をたどってみました。これまでは、約四万年前までさかのぼり、そのころ渡ってきたといわれている日本人の祖先にたどり着きました。

その人たちは、約二〇万年前にアフリカで誕生し、約六万年前にアフリカから出て世界各地に広がっていった、いまの世界中の人たちの共通の祖先です。現代人は、生きものとしての種類はホモ・サピエンスといいます。

じつは、約一〇万年前にホモ・サピエンスたちはアフリカを出たのですが、イスラエルあたりまで到達したのち消息がとだえてしまい、このときのアフリカからの遠征は失敗に終わったのではないかといわれています。したがって、現在の私たちの祖先は、その約四万年の

ちにアフリカから出てきた人々であると考えられています。

さて、この現代人の祖先も突然地球上に現れたのではなく、その前の別の種類の人類たちから生まれました。その人たちは、旧人や原人とよばれる人たちです。

さらに、原人たちは猿人とよばれる人たちから生まれました。この人たちは約七〇〇万年前に、やはりアフリカで誕生したといわれています。猿人は字の通りサルに似た人たちですが、ここまでは私たちと同じヒトです。現在の世界中の人たちはすべてこの猿人たちの「いのち」を受けついでいます。

しかし、アフリカにいた猿人が自分の「いのち」の元、最初のいのちではありません。このヒトにも親があり、「いのち」を伝えてくれた動物がいます。それは類人猿です。

現在生存している類人猿には、ゴリラ、オランウータン、チンパンジーなどがいます。これらのうち、ヒトに一番近いのはチンパンジーです。なぜチンパンジーなのかは、次の章でくわしく述べます。

さて、アフリカにいる一匹のチンパンジーの子どもを考えてみましょう。序章で、自分の「いのち」を伝えてくれた人を両親から祖父母、曽祖父母……と昔にさかのぼったように、このチンパンジーに「いのち」を伝えてくれた祖先をたずねます。ヒトの場合と同じようにどんどんさかのぼっていきます。すると、ヒトの祖先と同じ動物に行きあたってしまいます。

　その祖先動物は、チンパンジーでもヒトでもない類人猿の動物で、約七〇〇万年前にその動物からヒトとチンパンジーが生まれました。今のチンパンジーは祖先動物と見かけがあまり変化しないままですが、ヒトはかなり変化して現在の姿になりました。つまり、チンパンジーが進化してヒトになったのではありません。

　いずれにしても、現在のヒトでもないチンパンジーでもない、双方の共通の祖先類人猿が、私たちに「いのち」を伝えてくれたのです。その動物はチンパンジーの祖先でも、ヒトの祖先でもありますが、私やあなたの祖先でもあります(図3-1)。

　さて、この共通の類人猿にも、「いのち」を

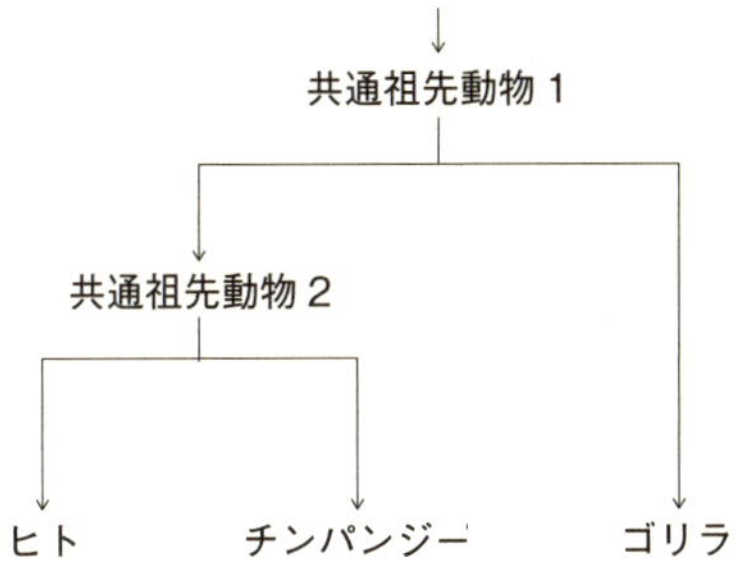

共通祖先動物１
共通祖先動物２
ヒト
チンパンジー
ゴリラ

図3-1　ヒト、チンパンジー、ゴリラとそれらの共通祖先の関係。現在のゴリラやチンパンジーがヒトの直接の祖先ではなく、図で示した共通祖先１から共通祖先２とゴリラに分かれ、その後、共通祖先２からヒトとチンパンジーが分かれた

伝えてくれた親がいるはずです。まず、ヒトとチンパンジーの共通祖先動物(図3-1の共通祖先動物2)の親をたどっていきます。その一方で、先ほどチンパンジーの祖先をたどっていったように、ゴリラの祖先をさかのぼっていきます。すると、ヒトとチンパンジーの共通祖先動物の祖先と、ゴリラの祖先とは、同じ動物(図3-1の共通祖先動物1)にたどり着いてしまいます。

つまり、ヒトとチンパンジーとゴリラは七〇〇万年以上前までさかのぼると、同じ動物だったのです。ヒトとチンパンジーとゴリラは、同じ親をもつ親戚同士みたいなものなのです。類人猿の共通祖先は、類人猿やサルたちをふくむ霊長類の祖先のなかから、そして、霊長類も哺乳類の祖先のなかから生まれました。

さらに「いのち」を伝えてくれた親をたずねると、哺乳類は爬虫類のなかの、爬虫類は両生類のなかの、両生類は魚類のなかのあるものから進化して生まれました。それぞれの類のなかから次の時代の新しい生きものが生まれてきたのです。

類人猿は約三〇〇〇万年前、霊長類は約五〇〇〇万年前、哺乳類は約二億年前、爬虫類は約三億年前、両生類は約四億年前、そして魚類は約五億年前にそれより前の類の生きものから「いのち」を伝えられました。

一方、それぞれの前の類の生きものたちは、形や生活の仕方はその時代とあまり変わらないまま、現在まで「いのち」を伝えてきました。なかには、「いのち」をつなぐことができなくなって絶滅してしまったものも数多くありま す。前の章で述べたように、環境の変化により、これまでに地球に現れた生きものの九九％が、自分たちの子孫に「いのち」を伝えられずに絶滅してしまったと考えられています。

図 3-2　アンモナイトの化石

魚類から哺乳類までは背骨をもつ脊椎動物ですが、その親は背骨をもたない海にすむ無脊椎動物です。ヒトをふくむ現在生きている生きものたちの祖先のなかには、アンモナイトや三葉虫などがいます(図3-2)。

もっとどんどんさかのぼると、とうとう「いのち」の元、約四〇億年前の原始地球の海のなかで生まれた原始細胞にたどり着きます。

すべての「いのち」の年齢は四〇億歳

「いのち」のはじまりをたずねてきて、とうとう四〇億年前の原始細胞に到達しました。私たちの「いのち」は四〇億年のあいだ、一度もとぎれることなく、連綿（れんめん）と受けつがれてきたものです。

三葉虫やアンモナイトや恐竜のように種類としては滅びたものはありますが、「いのち」が地球上からなくなることはありませんでした。だから今、私たちが存在するのです。

自分やチンパンジーの祖先をたずねてさかのぼったように、地球上に存在する三〇〇〇万種類といわれるすべての生きもの、昆虫も、植物も、細菌も、それぞれの祖先をたずねてさかのぼると、どこかで私たちヒトの祖先と同じ生きものに行きあたります。それぞれがその前の時代に生きていた生きものの「いのち」を受けつぎ、そして次の生きものに伝えてきました。

すべての生きものの「いのち」は、みなつながりあっています。そして、すべての生きも

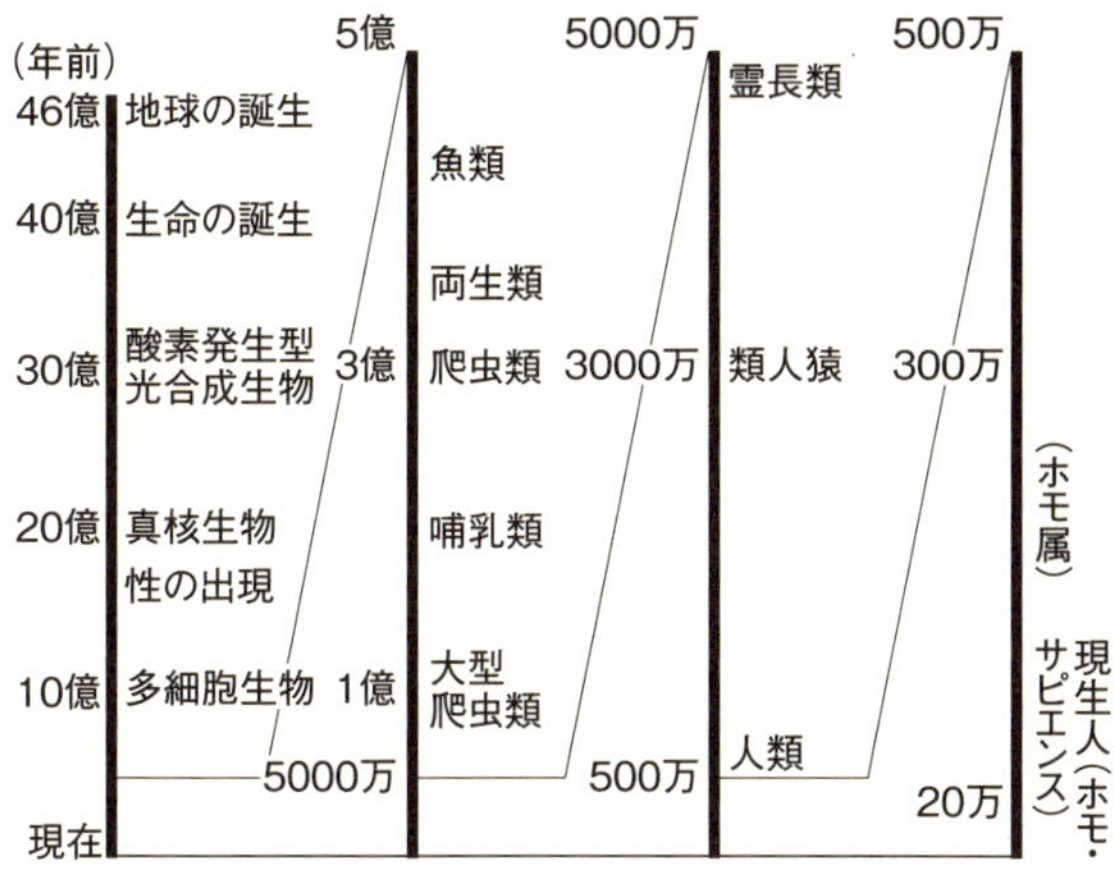

図3-3　地球の誕生、生命の誕生からそれぞれの生物がいつ出現したかを示す。ヒトの歴史、現生人の歴史がいかに短いものかがわかる。年代はおおよその目安

のが四〇億年の歴史と「いのち」のしくみを共有しています。ヒトだけが特別なものではありません。いまいるすべての生きものの「いのち」は四〇億年の時間を経験し、進化してきました。

私たちヒトをふくむ地球上のすべての生きものがもつ「いのち」の年齢は、四〇億歳です。

四〇億年の「いのち」の旅をまとめると図3-3のようになります。長い「いのち」の旅のなかでは、その大半が微小な生きものたちの旅であり、いま私たちの身のまわりでみられる生きものたちの登場は、ごく最近であったことがわかります。

「いのち」の旅を一年にたとえると

長い「いのち」の旅では、何億年前、何千万年前、何万年前と数字が並びます。しかし、実際のところ、それらの時間の長さの違いに対しては、なかなか実感がわきません。そこで、しばしば四〇億年を私たちの日常のわかりやすい時間や長さにたとえることがあります(図3-3参照)。

たとえば、四〇億年を一年にたとえてみましょう。一月一日零時にいのちが誕生し、現在は一二月三一日二四時とします。すると、三月中旬にシアノバクテリアが酸素を発生し始め、六月中旬に真核生物が現れ、さらに、九月下旬に多細胞生物が出現したことになります。こうしてみると、いのちの旅の多くの時間が、原核細胞や単細胞生物の世界だったことが実感されます。

一一月下旬になってやっと生物は海から陸に上がり、新たな環境を得ました。同じ頃、最初の脊椎動物である魚が登場しました。恐竜は、一二月中旬ごろから最強の覇者として地上を闊歩していましたが、一二月二五日午後六時ごろに絶滅してしまいました。

最初のヒトが登場したのは、年末もおしせまった大晦日、一二月三一日午前一〇時ちょっとすぎ。ヒトの歴史は一年間のなかでたった一日にも満たない短いものです。私たちホモ・サピエンスが登場したのはおよそ二〇分前、そろそろ除夜の鐘が鳴り始める午後一一時四〇分ごろのこと。そして、私たち一人ひとりは、この長いながい時間の流れのなかの瞬きほど（約〇・六秒）の存在なのです。

「いのち」の旅に変革を与えた七つのビッグ・イベント

これまで述べてきた「いのち」のはじまりをたずねる旅では、哺乳類から原始細胞まで一足飛びにさかのぼってしまいました。このあいだのどの時代にどんな生きものがいたか、それらがどのように変化、進化してきたかのくわしいことについてはふれませんでした。興味のある人は、巻末の「参考図書」に挙げている、優れた成書をご覧ください。

ここからは、生きものたちが歩んできた旅に大きな影響を与えた、いくつかの大きなできごと、旅の分かれ道をつくったビッグ・イベントに焦点をあて、四〇億年にわたる「いのち」の旅をふり返ってみることにします。

図3-4　オパーリン

《イベント❶》最初の「いのち」の誕生

最初のビッグ・イベントは、何といっても「いのち」の誕生です。わたしの「いのち」のはじまりであり、すべての生きもののはじまりはどのようにして起こったのでしょう。

これまで、「いのち」は「いのち」から生まれるとしてさかのぼってきました。その結果、到達した最初の「いのち」は、いったいどのようにして生まれてきたのでしょう。「いのち」の旅の最大のなぞです。少しくわしく議論してみましょう。

〈化学進化説〉　生命の起源の問題は、自然科学だけでなく、宗教をまじえた広い範囲の問題として、古くから激しい論争がくり返されてきました。これまでに、自然発生説、神による創造説、ほかの天体からの飛来説、無機物からの化学進化説などが提唱されてきました。

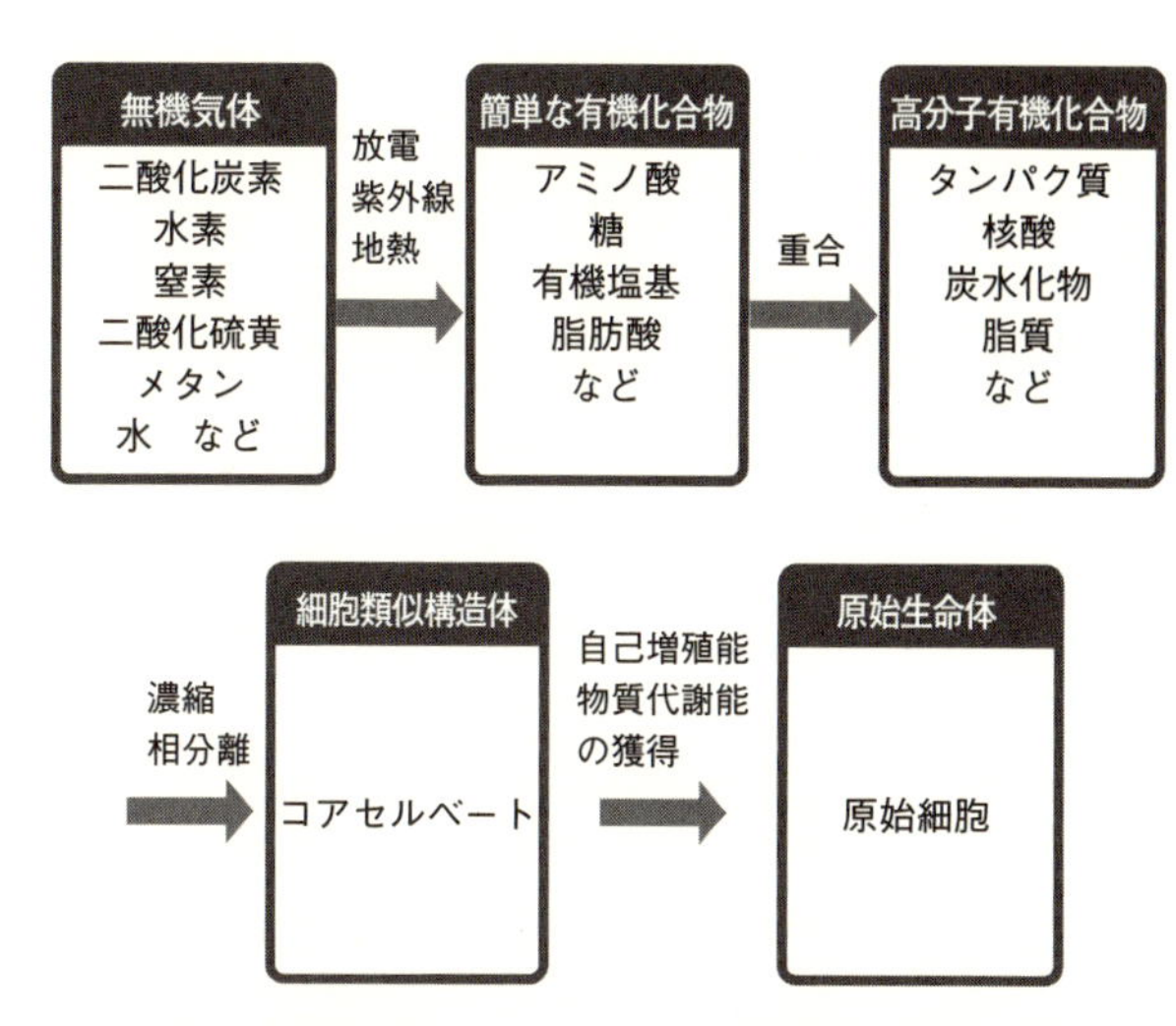

図3-5　化学進化説による「いのち」の誕生への過程。原始地球において、低分子の気体から簡単な有機化合物、高分子有機化合物、細胞類似構造体(コアセルベート、液滴)を経て、最初の「いのち」が誕生したと推定される過程

そのなかで、化学進化説が最ももたしからしいと考えられています。この説は、一九二四年、ロシアの生化学者オパーリン(一八九四～一九八〇年、図3-4)により提唱されました。彼は、原始地球における長いあいだの物質の化学変化の結果、生命の誕生にいたったと考えました(図3-5)。

地球はいまから約四六億年前に誕生しました。火の玉であった地球が徐々に冷えてきたころ、水蒸気や深海の熱水の中で、雷(かみなり)、放射線(ほうしゃせん)、紫外(しがい)線(せん)などのエネルギーによって、無機の気体から簡単な有機化合物がつくられ、次に、それらが結合しあって大きな有機高分子ができたと考えます。

有機高分子は、濃縮されてある濃度に達すると、コアセルベートとよばれる、光学顕微鏡でやっと見られるほどの小さな液滴をつくります。水に油をまぜて激しくふると、白くにごりますが、コアセルベートは、そのとき水の中にできる油の小さなつぶのようなものです。

コアセルベートはそれらとまわりの溶液とのあいだに、はっきりとした境界をもっており、周囲からいろいろな物質を取りこんで大きくなって分裂することができます。コアセルベートは実験室でも簡単につくることができます。オパーリンは、このコアセルベートのような液滴が元になって生命が誕生したと考えました。

コアセルベートは、生きものに近い性質をもってはいますが、生命の特徴である物質代謝を通じて自己増殖を行うことはできません。コアセルベートと「いのち」では、質的にまったく異なり、きわめて大きな変換を必要とするので、「いのち」の誕生まではたいへん長い道のりがあったと想像されます。

その過程は現在でも実験室で再現することはできず、不明のままです。

〈原始地球での化学反応を再現〉　オパーリンの発表は、世界中の科学者に衝撃(しょうげき)を与えました。そして、原始地球上でその当時存在したと考えられる無機化合物から生きものに必要な有機化合物がつくられるかどうか、生命の起源について実験してみようと考える研究者が現れました。

アメリカの化学者ユーリー(一八九三～一九八一年)は、原始地球の大気は水素、メタン、アンモニア、水が主体であったという説を発表しました。

彼の研究室の大学院生であったミラー(一九三〇～二〇〇七年)は、これらの混合物に、エネルギー源として原始地球でさかんに起こっていたと思われる放電をかけて、地球上で何億年もかかったことを実験室でたしかめようとしました(図3-6)。その結果、一九五三年、簡単な構造の多種類のアミノ酸の混合物を得たのです。

アミノ酸を有機化学的に合成することはすでに行われていましたが、彼の実験では、アミノ酸を得ようとして実験条件を整えなくても、原始地球の環境と思われる条件においても必然的にアミノ酸ができることを示したのです。さらに、アミノ酸から簡単な脱水反応によっ

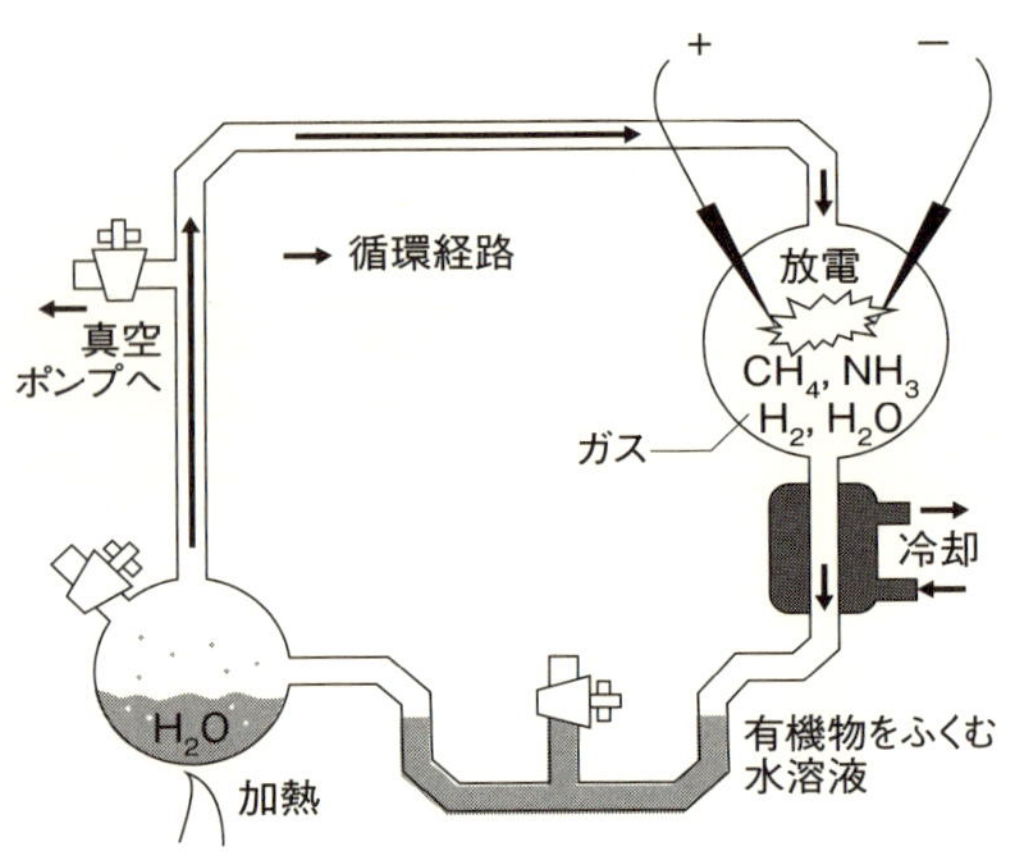

図 3-6　ミラーの実験装置(『三訂版 フォトサイエンス生物図録』数研出版より改変)

て結合しあって、小さなタンパク質様の分子(ペプチド)が得られることもわかりました。なお、遺伝子の構成単位である塩基もつくられることが示されましたが、DNA(デオキシリボ核酸)やRNA(リボ核酸)のような核酸の合成はきわめて困難なようです。

ミラーの実験の大事なことは、生命体の基本要素が通常の化学現象で生じる可能性があることを示したことです。生命現象は、特別な「生命力」が介在しなくても、自然に起こりうることを明確にしたのです。

その後、原始地球の大気は以前考えられていたような水素やメタンが主体ではなく、現在の金星の大気のように、二酸化炭素が主体であることがわかってきました。そこでさっそく、新しい大気組成でミラーと同様の実験が多くの研究室で行われ、この場合でもアミノ酸や小さな有機分子が合成されることがたしかめられました。

いずれにしても、原始地球において、水蒸気や深海の熱水の中で、雷、放射線、紫外線、エックス線、地熱などのエネルギーによって、二酸化炭素、水素、二酸化硫黄（いおう）、窒素（ちっそ）、塩酸、メタン、アンモニアなどの無機の気体から簡単な有機化合物（たとえばアミノ酸）がつくられ、次に小さな有機分子が結合しあってタンパク質のような有機高分子がつくられたと考えられます。

〈模擬実験と生きものとの違い〉　原始地球環境をまねた実験により、生きものをつくっている物質や細胞に似た構造体をつくることができるという結果は、生命の起源を考えるうえで画期的な進歩でした。しかし、こうした模擬実験での産物がすべて私たち生きものをつくっている物質ではなく、両者にはいくつかの違いがみられます。

たとえば、現在、生きものの体をつくっているタンパク質を構成しているアミノ酸は、二

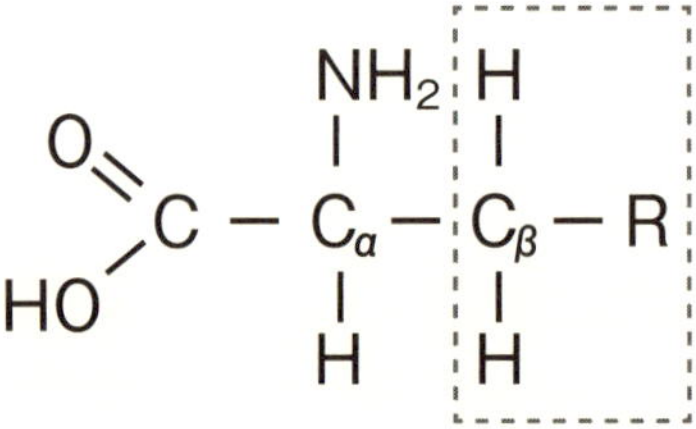

〇種類のα-アミノ酸(カルボキシル基の隣の炭素にアミノ基がついている)です(図3-7)。

しかし、原始地球では、化学実験室と同じように、エネルギー的に可能なものはすべてつくられたと考えられますので、さまざまな側鎖(枝分かれした鎖)をもち、α位以外の位置にアミノ基をもつ、多くの種類のアミノ酸がつくられたに違いありません。実際、ミラーの実験でも二〇種以外のα-アミノ酸やβ-アミノ酸(カルボキシル基の二つ隣の炭素にアミノ基がついている)がつくられています。

図3-7　アミノ酸の構造。生きものをつくっているα-アミノ酸。点線内は側鎖(そくさ)といい、この部分がアミノ酸の種類により異なる。β-アミノ酸はβ位の炭素にアミノ基が結合している

なぜ、原始地球において、多くの種類のなかから特定の側鎖をもつα-アミノ酸のみが選ばれたのでしょう? 一方で、トリプトファンやヒスチジンのように、二〇種にふくまれているアミノ酸なのに、模擬実験の産物としては同定されたことがないものもあります。これらのまれにしかつくられないと思われるアミノ酸が、どのようにして構成成分として選ばれ

たのでしょう？

有機化合物のなかには、一つの化学式で表されるのに二つの形が存在するものがあります。分子の中に不斉炭素(炭素の四つの手にすべて異なる基が結合している)が存在すると、物体とその鏡像のような関係にある二つの形態が存在します。このように、鏡像関係にある化合物を、鏡像異性体といいます。このことは、一九世紀にパスツールによって発見されました。

身近には、私たちの右手と左手の関係にみられます。右手と左手は、五本の指とてのひらの表裏があって形が同じように見えますが、同じではなく重ねあわせることはできず、たがいに鏡に映った像の関係にあります(図3-8)。

アミノ酸にも二つの型(D型とL型)があり、それらは実験室では同じ割合でつくられます。どちらか一方のみをつくることはきわめて難しく、二〇〇一年、その方法を開発した三人(一人は日本の野依良治氏)にノーベル化学賞がおくられたほどです。

原始地球でも両方の形態のアミノ酸がほぼ同量つくられたと思われ、一方のみしか利用できなかったとは考えられません。しかし、生きもののなかでは一方のみ(L型)が使われています。それがなぜなのかわかっていません。

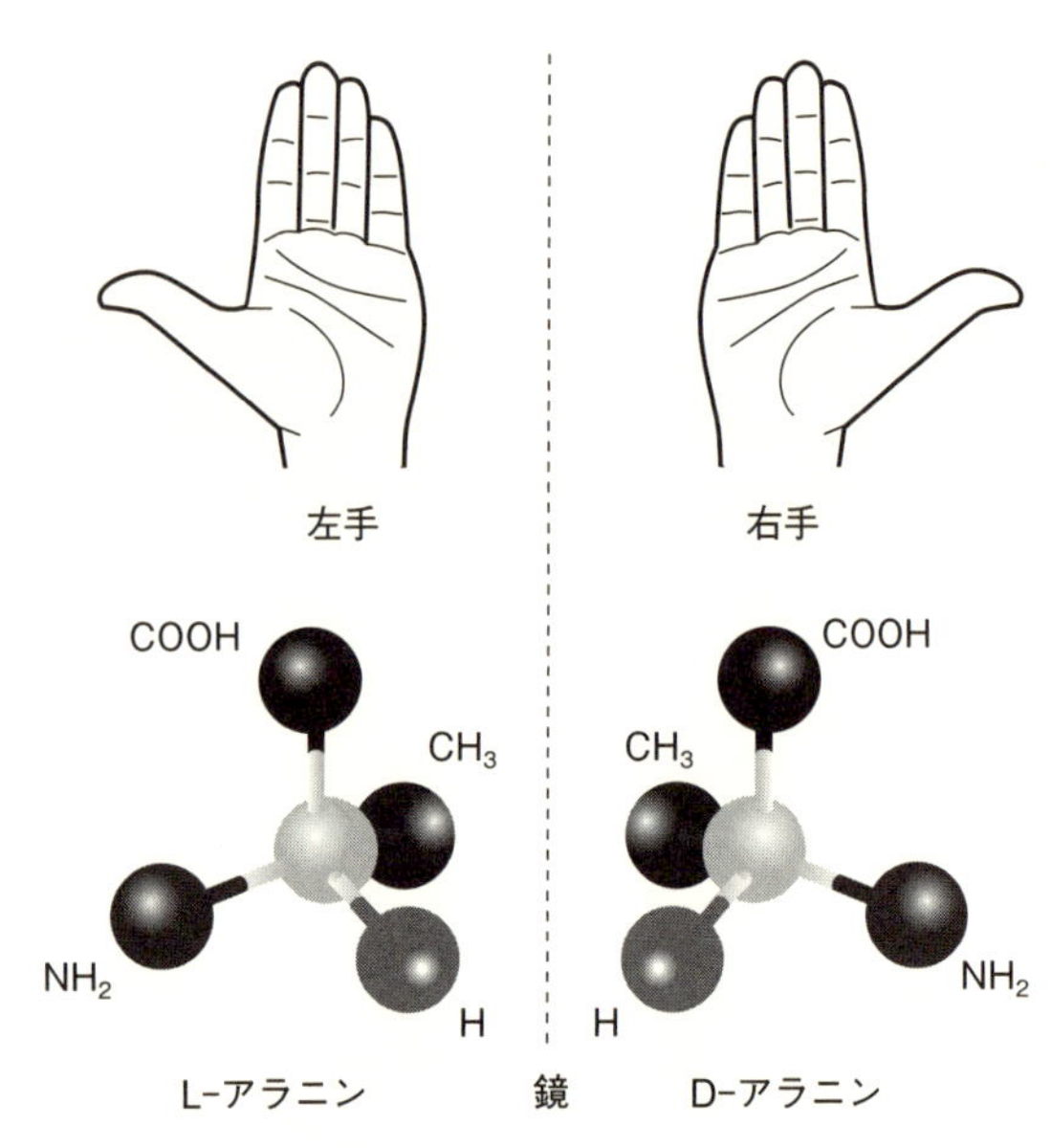

図 3-8　鏡像異性体。右手、左手とアミノ酸(例として アラニン)のD型、L型を示す

ほんの偶然のできごとがL型に有利に働き、いったんそちらが採用されると、それが続いてきたのでしょうか？　そうだとしたら、地球上の生物と同じようなアミノ酸を使いながら、もう一方のD型のみを利用している生命体がどこかにいるかもしれません。

グルコースやリボースなどの糖も同じように、同じ化学式で立体的に異なる二つの型があります。たとえば、RNAはD-リボース、DNAはD-デオキシリボース、デンプンやグリコーゲンはD-グルコースと、圧倒的にD型が利用されています。

すでに述べたように、核酸を構成する塩基はアデニン、グアニン、シトシン、チミン(RNAではウラシル)の四種類ですが、なぜこれらの五種なのでしょう。塩基類はアンモニアとシアン酸によってつくられます。これら五種の塩基が合成されうるなら、そのほかの類似した化合物もできてもおかしくはありません。隕石(いんせき)中からも数種検出されています。

たとえば、ビタミンBのなかまに、似た構造をもつもの(チアミン〔VB1〕の構成成分、フラビン〔VB2〕、ピリドキサール〔VB6〕、ニコチンアミドなど)がありますが、これらは核酸の構成成分にはなっていません。

また、五種の塩基のうち、アデニンは生体の維持に必要で「エネルギー通貨」ともよばれるATPをはじめ、多くの生体物質において構成成分として広く利用されていますが、ほかの塩基の使用は核酸以外にはきわめて限られています。

それにしても、原始地球の海のなかでつくられた膨大な種類の有機物のなかから、どのようにして特定の物質、特定の型が選択されて、「いのち」のいとなみに関与するようになったのでしょう？　今のところ、明快な解答はありません。

〈最初のいのちの世界はＲＮＡ世界か、タンパク質世界か？〉　生きものの特徴のひとつが、自分と同じものをつくる能力、自己複製能であることはすでに述べてきました。コアセルベートのような細胞に似た液滴（細胞類似体）が、自分と同じものをつくることができる能力を獲得しない限り、生命が誕生したとはいえません。

原始地球上で、現在の生きものがもつ遺伝情報の伝達のような能力は、どのように獲得されたのでしょう？　化学進化説において、生命誕生にいたった長い旅の最後の一番大事なステップである液滴から細胞への過程は、いまだ説明できていません。

細胞の中で実際に「いのち」の維持に働いているのがタンパク質であることは、すでに述べました。タンパク質はアミノ酸がいくつもつながられてつくられるのですが、どのようなアミノ酸がどのような順序でつながられるべきかというアミノ酸の配列順序は、タンパク質の種類ごとにそれぞれの遺伝子が決めています。

しかし、実験室でアミノ酸の混合物をつくり、そのままそれらをつなげると、その配列順序はまったくランダムで、いろいろな並びかたのものがつくられてしまいます。どのようなしくみで遺伝子が決めるようになったのでしょう？　一方、遺伝子をつくるにはタンパク質である酵素が必要です。「ニワトリが先か、卵が先か」の関係です。

遺伝子とタンパク質、どちらが先に登場したのか？　これは、生きものの特徴である自己複製と物質代謝、複製系と代謝系、このどちらが先に登場し、生命誕生のきっかけになったかという問題でもあります。

原始地球において、まず遺伝子や遺伝情報伝達システムが誕生したと考える場合、遺伝情報のにない手はＤＮＡ（デオキシリボ核酸）ではなくＲＮＡ（リボ核酸）であったのではないかと考えられています。

それは、ＲＮＡの中には酵素と同じように反応を触媒する働きがあるものがあることがわかったからです。タンパク質である酵素が「エンザイム」とよばれるのに対して、触媒活性をもつＲＮＡは「リボザイム」とよばれます。リボザイムは、ＲＮＡの鎖を伸長する働きや加水分解して切断する働きをもつことがわかっています。したがって、ＲＮＡは、遺伝情報をもっているとともに、代謝反応を行うことのできる触媒能の両方をもっている可能性があります。

生命誕生のある時期、複雑な化学反応のなかでさまざまな分子がつくられていた時期、RNA分子が最初の細胞構造をつくるのに必要なすべての化学反応を遂行する酵素群として十分であったのではないか、という考えがあります。これが「RNAワールド説」です。RNAという単一の分子が遺伝情報と代謝機能の両方に働いたと仮定するこの説は、「いのち」の誕生の初期の進化の様子を最もよく説明でき、ニワトリと卵の問題が解決されたとさえ考えられました。

すでに述べたように、RNAの構成成分である四種の塩基、D-リボース、リン酸などは原始地球上でつくられた可能性はありますが、遺伝情報をもつことのできるような、ある程度長い核酸の鎖ができた可能性はきわめて低く、原始地球環境による模擬実験でも、RNA合成の試みは成功していないようです。また、RNAは非常に不安定で、原始地球に多量に存在した紫外線や宇宙線などによって、容易に分解を受けた可能性があります。

一方、原始地球上で、アミノ酸がいくつかつながったタンパク質が比較的簡単につくられることは示されていますので、タンパク質(プロテイン)がはじめに存在して代謝系が発達し、その後遺伝情報をになうRNAおよびDNAがつくられてきた、という考えもあります。これが「プロテイン(タンパク質)ワールド説」です。

実際、一〇個程度のアミノ酸からなる小さなタンパク質(ペプチド)でも触媒活性をもつことが知られています。二〇種類のアミノ酸から構成されるタンパク質の種類は無限にあるので(たとえば、一〇アミノ酸の長さでは一〇の二〇乗種)、さまざまな反応を触媒することができる可能性をもっており、さまざまな代謝反応が行われたでしょう。そこで、長いあいだの試行錯誤(しこうさくご)ののち、エネルギー、糖質、脂質などをつくる単純で原始的な代謝系が誕生した可能性はあります。

しかし、ペプチドやタンパク質は自分と同じものを複製することはできません。自己複製能がないのです。常に同じアミノ酸の並びかたの、同じ働きをもつペプチドやタンパク質がつくられるという保証はまったくありません。現生生物では、遺伝子がタンパク質のアミノ酸配列を決めています。

単純な代謝系しかもたずにかろうじて自分を維持しているような液滴から、遺伝子をもち、その複製と遺伝情報に基づいたタンパク質の合成を行うような液滴・「いのち」がどのようにして誕生したのでしょう？　「RNAワールド説」、「プロテイン(タンパク質)ワールド説」、

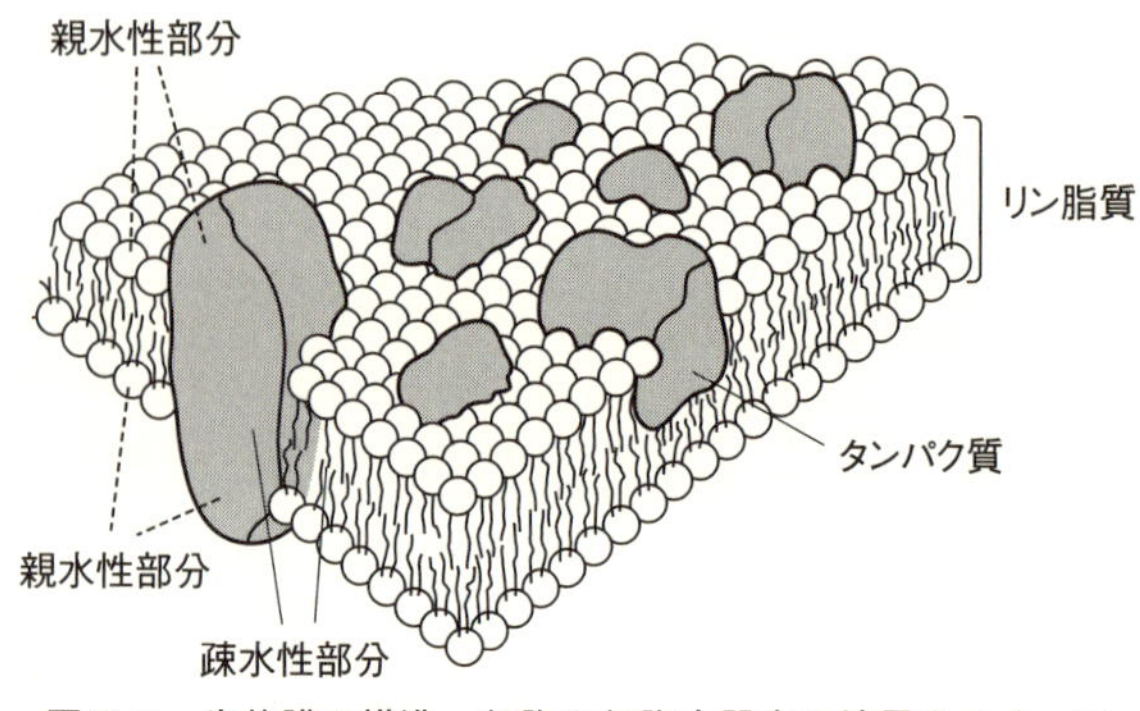

図 3-9　生体膜の構造。細胞や細胞小器官の境界をつくっている生体膜。脂質二重層にタンパク質がうまりこんでいる。リン脂質分子やタンパク質分子の疎水性部分が層の内側にうまり、親水性部分が外側に露出している

いずれの説においても、四種の塩基の並びかたが決める遺伝子上の情報から、二〇種のアミノ酸の並びが決めるタンパク質への情報の伝達の過程がどのようにしてできたかを知ることが、問題解明のための有効な突破口になりそうです。

さて、現生生物において、細胞膜をはじめとする生体膜は、脂質分子の疎水性(水にまざりにくい)部分を内側に、親水性(水にまざりやすい)部分を外側に出した二次元平面の層に、タンパク質がうめこまれてできています(図3-9)。

この膜は、さまざまな形を取ることができる柔軟なこと、たとえ穴が開いても自然に閉じることができること、きわめてうすい(約〇・〇〇〇〇八㎜)のに水溶性分子の大半を通さないことなど、

細胞表層としてたいへん優れた特徴をもっています。原始地球の環境で脂質分子が存在すれば、初めの細胞においても表層は脂質二重膜であった可能性もあります。

現生生物の細胞においては、生体膜は新たにつくられることはなく、すでに存在する膜に新たな脂質分子が挿入されることにより大きくなります。たとえば、細胞が分裂したとき、細胞膜も分かれて半分になります。その後、分かれて新しくできた細胞では、新しく合成された脂質分子がつけ加わることによって細胞膜が広がり、細胞も大きくなります。つまり、常に既存の膜が受けつがれていくのです。

したがって、ＤＮＡと同じように生体膜も、最初の「いのち」が誕生した時代につくられた膜からとぎれずにつながっているともいえます（もちろん、膜を構成している分子そのものは、すみやかに置きかわっています）。

〈有機化学が選ばない反応が選択された代謝系〉　代謝反応は化学反応であり、化学の法則にしたがって進みますが、その経路は有機化学者が思いもつかないようなものです。

細胞内では、ブドウ糖（グルコース）は最終的には二酸化炭素と水に分解され、その過程で放出されるエネルギーが取り出されています。その経路は非常に複雑で、およそ二〇の反応によって行われています。しかし、試験管内でグルコースから二酸化炭素を得ようとすれば、いきなり燃やすのが最も手っ取り早い方法です。

一方、アミノ酸のアミノ基の導入は細胞内ではケト酸から一ステップ(アミノ基転移(てんい))で行われますが、有機化学で同様のケト基からアミノ基に変換を行うのは大変なことです。

さらに、細胞内の反応の大きな特徴は、目的の物質以外の物質がつくられる副反応がないことです。ほとんど一〇〇%の収率で目的の物質が得られるので、そのまま一定の方向に反応を進めることができます。しかし、試験管内の化学反応では副反応があるため、多くは目的の物質を精製分離して次の反応に進むという段階をくりかえすのが普通です。

これら、細胞内の代謝反応と試験管内の化学反応の違いは、もっぱら酵素の存在によります。原始地球での、少なくとも初期での反応は、試験管内の反応と同じで、さまざまな反応の集まりであったと思われます。リボザイム、あるいは、現在のようなタンパク質性の酵素が生まれる前は、これらを生成した反応経路は、いまの代謝経路とはまったく異なる化学反応であったと思われます。

では、どのようにして酵素触媒が生まれ、それらが一連の代謝経路をどのようにしてつくりあげたのでしょう？

「いのち」の誕生において、多種類の化合物のスープのなかで、特定の物質のみを選択して利用するようになったきっかけは何だったのでしょう？　核酸における塩基の並びがタンパク質のアミノ酸の並びに情報転換していく過程がどのようにして成立したのでしょう？　さらに、タンパク質である酵素が織りなす複雑な代謝系がどのようにつくりあげられたのでしょう？　そして最大のなぞは、物質集団がつくる「死の状態」から「いのち」をもつ「生の状態」への転換に何が必要なのでしょう？

じつはまだ、これらはまったく解明されていないのです。今後の研究の歩みに期待したいと思います。

〈最初の「いのち」の証拠？〉　このように、最初の「いのち」がどのようにして生まれたかについては、未だ混沌（こんとん）とした状態でよくわかっていませんが、原始細胞登場の具体的な証拠の一つが、二〇一七年、日本の研究グループにより、カナダ東部のラブラドル半島の約四〇億年前の堆積岩(たいせきがん)の地層の中に見つかりました。この地層の岩石中に含まれる炭素の小さな粒のC12とC13の比を同じ岩石に含まれる炭酸カルシウム中の炭素での比率と比べると、C13の比率が明らかに低いことがわかりました。

生きものは周辺の二酸化炭素を取り込んで自分の体をつくるとき、軽いC12を優先して使う性質があります。そこで、生きものが関与した炭素ではC13の比率が低くなります。したがって、カナダの岩石で見つかった炭素の小粒は生きもの由来であり、約四〇億年前に生きものが存在したと考えられるのです。このような炭素の小粒は「化学化石」と呼ばれています。

じつは、これまで最も古いといわれていた生きものの痕跡(こんせき)は、二〇一三年にグリーンランドで見つかった「化学化石」で、約三八億年前と推測されていました。今回の発見により、生命の誕生の時期が二億年ほどさかのぼったことになります。

細胞らしい化石は、オーストラリアの西北部ピルバラ地方の三四億年前の岩石の中に見つかりました。直径数マイクロメートル(一マイクロメートル＝一〇〇〇分の一㎜)の細長い形をしており、縦方向に数マイクロメートルごとの区切りが見えるとのことです。また、この太古の生きものは、硫黄（いおう）化合物を食べて生きていたと見られています。

一方、同じ地域の三五億年前の岩石の中に閉じ込められていたメタンの炭素同位体の分析から、このメタンは生きものがつくったものであると推測され、メタン生成菌が存在していたと考えられています。

コラム　最初の「いのち」がほかの天体からやってきた可能性

地球上の最初の生きものはほかの天体からやってきたという考えは、一八世紀末、生命の自然発生を否定する実験をしたひとりであるイタリアのスパランツァーニ（一七二九～一九九年）によってはじめて提唱されました。その後、一九〇六年に物理化学の創始者として知られているスウェーデンのアレニウス（一八五九～一九二七年）により「パンスペルミア説」として再登場します。

四〇億年ほど前の地層に生命体が存在したということは、四六億年前の地球誕生から約六億年で、現在の生きものの特徴である自己複製能や代謝能をもった構造体が出現したことになります。

六億年というのは一般には長い時間ですが、本文でも述べたように、単純な物質から「いのち」までの遠い道のりからすると、意外と短いともいえます。そこで、生命体そのものがほかの星から飛来したと考えると時間的な問題が解決されることになります。

もし、地球上ですでに有機物の濃度がある程度高くなった時期に、わずかでも細菌のような生きものがやってきたら、またたく間に増殖して、それらをもとにさまざまな生きものに分化していったという可能性はあります。微生物やその胞子が宇宙を飛来中、あるいは地球の大気圏に突入後に放射線や紫外線、熱などにたえて、生きたまま地球上に到達できたかの疑問はありますが、最近の研究では、生きたまま到達できる可能性はあるということです。

一方、これまでに宇宙から飛来した隕石（いんせき）の中にはアミノ酸、糖など生きものを構成する有機物が検出されているものがあります。有名なのは、一九六九年、オーストラリアに落下しマーチソン隕石と名づけられた隕石です。地球上の汚染をさけるために厳重な注意がはらわれて採集された隕石を分析したところ、アミノ酸、炭化水素、脂肪酸などが検出されました。これらの有機物を構成する炭素の安定同位元素、C12とC13の比率が地球上の生物由来のものと大幅に異なることが、地球に落下してからの汚染有機物ではないことをたしかなものとしました。

生きた生物でなくとも、有機物が地球誕生後のかなり早い時期にほかの天体から到来したと考えれば、有機物から生命体にいたるまでの進化のための時間に余裕がでてくることになります。ただ、有機物をもった隕石がどのくらいの数飛来してきたか、それらがどれくらいの量の有機物を地球にもたらしたかは想像の域をでませんが、地球上での有機物そのものの誕生が飛来してきたものにより、それらが「いのち」の誕生に関わったと考えるのは、少し乱暴なように思われます。

現在のところ、到来説は可能性として残されています。ただ、生きた生物が地球外の星から飛来して地球上の生物の祖先となったとすれば、生命の誕生の舞台は飛来元の星に移るだけで、生命がどのように誕生したかについて解決したことにはなりません。

生きものが存在するためには水が不可欠です。逆にいえば、水が存在すれば生命が存在する可能性があります。たとえば、太陽系の惑星や衛星のなかで水あるいは氷の存在が認められているのは、火星と木星の衛星エウロパです。これらの星に生きものが存在するという確実な証拠はまだありませんが、存在する（あるいは存在した）可能性は大いにあると考えられています。

《イベント❷》光合成と酸素呼吸の出現

「いのち」が誕生したのち、地球環境を大きく変え、生物進化にも大きな影響を与えた最初のできごとは、光のエネルギーを使って二酸化炭素から自力で有機物をつくりだす「光合成」という手段を手に入れたことです。これによって、地球にとってはもちろんのこと、太陽系全体のエネルギー源である太陽光を利用する手段を獲得したのです。とくに、ラン藻類（シアノバクテリア）は、現在の植物に広くみられる、酸素を発生する光合成を行いました。

シアノバクテリアが形成する岩石（ストロマトライト）の最古のものとして、約三五億年前の地層から見つかっているという報告もありますが、多くは二〇億〜三〇億年前のものなので、酸素発生型光合成の起源は約三〇億年前だろうと考えられています（図3-10）。

シアノバクテリアの光合成によって発生した酸素は、まず、海中の水溶性の二価鉄を酸化することによって三価鉄の赤鉄鉱 Fe_2O_3 にします。赤鉄鉱は不溶性なので鉄の鉱床として

図3-10　ストロマトライト

知られている縞状鉄鉱層をつくりました。約三〇億年ののち、私たち人類はその鉄を利用し、快適な生活をさせてもらっているのです。

やがて、海中の鉄を酸化しつくした酸素は大気中に放出され、大気中の酸素濃度をしだいに上昇させました。こうして、酸素発生型光合成生物の出現は、海中や地上の環境を大きく変えることになりました。

現在、私たちは酸素なしには生きられませんが、じつは酸素は毒性のある分子です。とくに、酸素から生じる活性酸素(スーパーオキシド、ヒドロキシラジカル、過酸化水素など)はきわめて反応性が高く、さまざまな生体物質(DNA、タンパク質、脂質など)と容易に反応し、それらの働きをさまたげる性質をもっています。酸素濃度が高くなるにつれて、これまでの酸素のない（嫌気的）環境にいた多くの生きものたちが、死滅していったに違いありません。

活性酸素の処理には、カタラーゼなどの酵素により処理する方法もありますが、このような消極的な対応では限界があります。

そこに登場したのが酸素呼吸です。酸素呼吸は、毒性のある酸素を利用することで除去します。それだけでなく、利用する過程で有機物にふくまれる化学エネルギーを効率よく取り出し、最後に光合成で失った水を再生するというきわめてたくみな代謝系です。こうして、現在私たちのまわりにみられる、エネルギー効率の高い酸素呼吸を行う、好気性生物が誕生しました。

この一挙両得のような酸素呼吸ですが、じつは、突然現れたものではありません。酸素発生型光合成生物が出現する前から、これにつながる可能性をもつ代謝系をもつ生きものがいたのです。それは、現在もその方法で生き続けている、硫酸還元菌や硝酸還元菌です。

私たちの細胞は酸素を還元して水にするときに出てくるエネルギーを利用していますが、これらの菌は、酸素がない環境で、硫酸イオンや硝酸イオンを硫化水素や亜硝酸などに還元することによって、エネルギーを得ているのです。

この酸素呼吸のように、進化の流れを切り取ると、まるで新しい代謝系や新しい性質をもった生きものが突然現れるようにみえますが、実際には、少しずつ変化してきた長い過程があって現れたものなのです。

毒性のある酸素を利用するすべを獲得できた好気性生物は、その後勢力をのばし、現在の大部分の生きものにみられるように、多様化していきました。

ですが、酸素に対抗する能力をもてなかった生きもののすべてが死滅してしまったかというと、そうではありません。酸素の少ない場所をさがして、生きのびたものもいます。それらは嫌気性生物とよばれ、さきほどの硫酸還元菌などや、私たちの腸内にすむ細菌の多くが、そのなかまなのです。

《イベント❸》　真核細胞の登場

約二〇億年前、細胞の中に複雑な構造が生まれ、「いのち」を維持する活動の司令塔である遺伝子を、細胞の奥深く二重の膜の中に保護する、細胞核をもつ真核生物が生まれました。

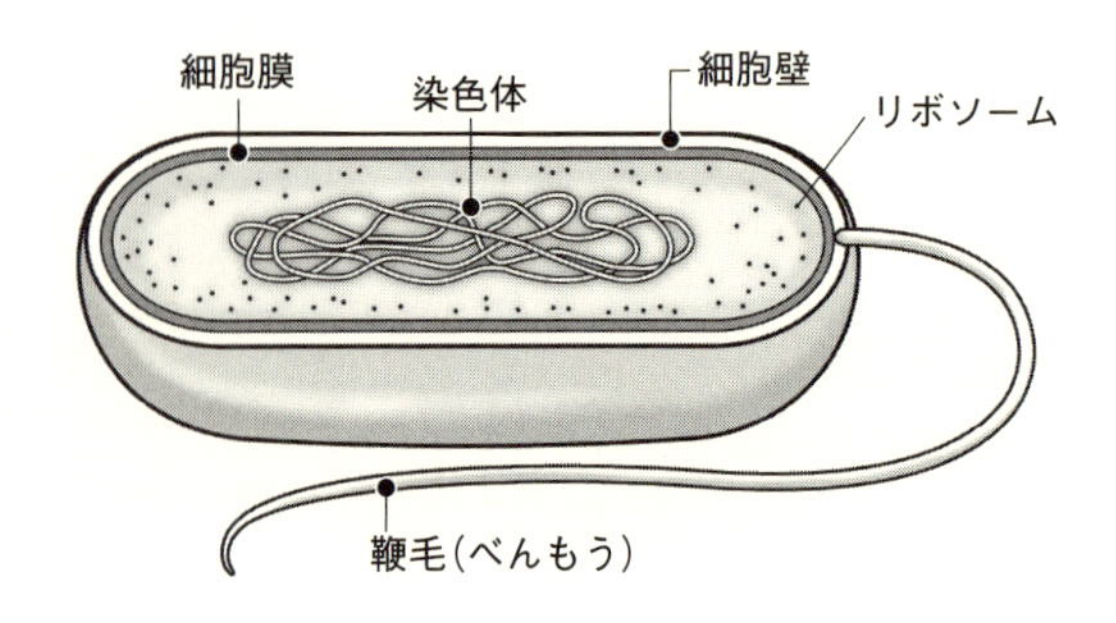

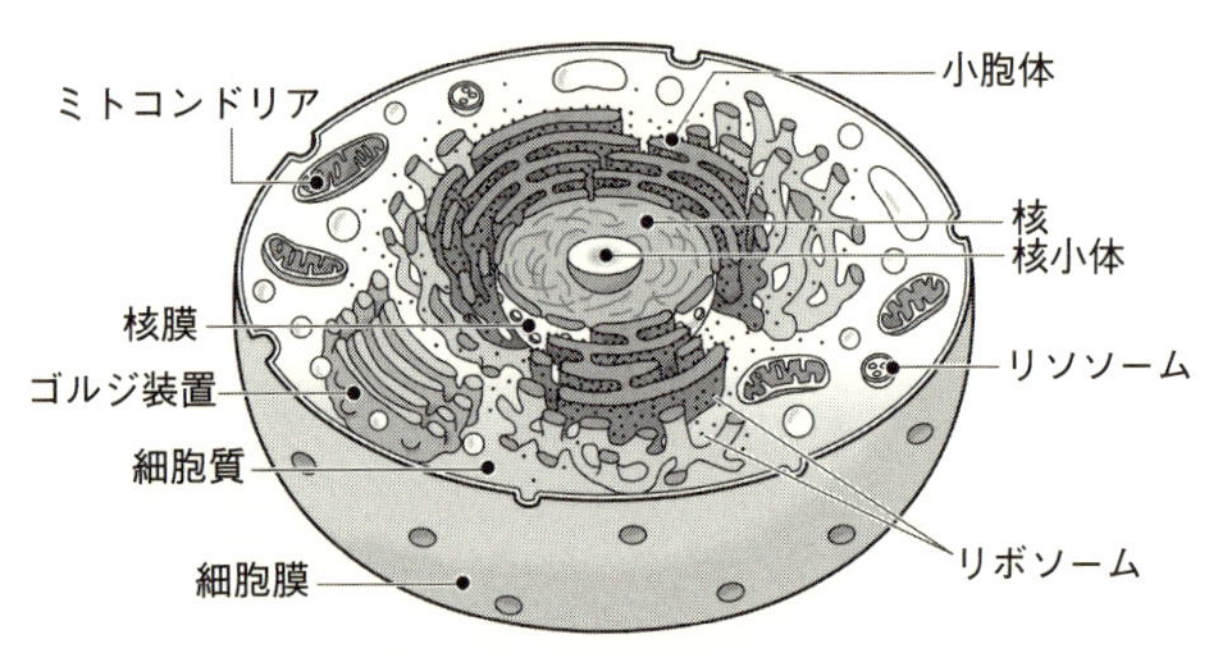

図3-11　原核細胞(上)と真核(動物)細胞(下)。これらの細胞の大きさは非常に異なり、原核細胞は真核細胞のミトコンドリアとほぼ同じ大きさ

それまでの細胞は細胞膜にかこまれた袋で、そのほぼ中央に遺伝子が濃縮された状態で存在する、原核生物のみでした(図3-11)。

真核生物の細胞には、細胞核のほかに、ミトコンドリア、小胞体、ゴルジ装置、ペルオキシソーム、リソソームなどの生体膜にかこまれた構造体である細胞小器官(オルガネラ)が存在します。藻類や植物細胞には、これらのほかに、葉緑体(クロロプラスト)や液胞が存在します。それぞれのオルガネラは独自の働きをし、たがいに連携しながら細胞全体の活動に参加しています。

原核生物とは細菌類やラン藻類で、いずれも単細胞です。一方、真核生物は、真菌類(たとえば、酵母(こうぼ)、カビ、きのこなど)や原生動物(アメーバ、ゾウリムシなど)をふくむ、植物界および動物界のすべての生きものへと発展してきました。

では、原核細胞から真核細胞が、どのようにして出現したのでしょうか？　原核生物のなかでも、たとえば、酸素発生型光合成を行うラン藻(シアノバクテリア)では、細胞表面の膜のほかに、内部に光合成装置をもつ膜構造が発達しています。あたかも、次のステップへの準備が行われているかにみえます。この膜構造は、細胞膜の一部が細胞内に折りたたまれてつくられます。

真核生物の特徴である細胞核が最初につくられた際にも、細胞膜が折りたたまれて染色体(せんしょくたい)を包んで、核膜となったと考えられています。小胞体やゴルジ装置などは細胞膜や核膜から派生し、働きも多様化して現在の姿に進化してきたのでしょう。

ミトコンドリアと葉緑体は、一五億～二〇億年前に真核細胞に入りこんで共生を始めた原核細胞の子孫であると考えられています。ミトコンドリアや葉緑体は、その形、細胞分裂とは独立に細胞内で分裂して増えること、細胞核のものとは異なるDNAをもつことなどから、共生微生物に由来するのではないかという考えは古くからありました。

それが、一九六七年にアメリカの生物学者マーギュリス(一九三八～二〇一一年)によって、好気性細菌や光合成細菌の「共生説」として提唱されました。

ミトコンドリアは、酸素を利用してエネルギーをつくることのできる細菌が、近くにいた真核細胞の祖先細胞の中に入りこみ、共生したものと考えられています。細菌類とミトコンドリアのDNAの解析では、ダニなどの節足動物を媒介(ばいかい)とし、ヒトに発疹(ほっしん)チフスやツツガムシ病を引き起こすことが知られているリケッチアという細菌のDNAに最も類似しており、この菌がミトコンドリアの起源ではないかといわれています。

葉緑体も状況はほとんど同じですが、すでにミトコンドリアをもつ真核細胞に光合成細菌(シアノバクテリア)が細胞内共生したと考えられています。したがって、植物細胞には、ミトコンドリアと葉緑体の両方が存在するのです。

コラム　共生説の背景――ミトコンドリアと細菌は似ている

ミトコンドリアの起源に関する共生説が誕生した理由は、ミトコンドリアと細菌とのあいだにいくつかの類似点があるからです。

まず、ミトコンドリアと細菌の大きさが〇・〇〇一～〇・〇〇二㎜とほぼ同じであること。次に、生体膜の構成成分が似ていることです。

ミトコンドリアは、外膜と内膜の二枚の膜にかこまれていますが、これらはたがいに性質がかなり異なっています。外膜は、タンパク質と脂質の割合や脂質成分が細胞内のほかの生体膜と似ています。それに対して内膜は、これらの膜系には存在せず、細菌の細胞膜に存在する脂質をふくんでいます。

リケッチアなどの細菌が真核細胞に感染して入り込むとき、真核細胞の細胞膜に包みこまれて細胞内に入ったと考えると、共生後のミトコンドリアの外膜と内膜が、それぞれ宿主(しゅくしゅ)細胞(細菌の感染を受けた細胞)と細菌の膜系に似ていることの説明ができます。

さらに、ミトコンドリアは宿主細胞のものとは異なる独自の遺伝子とタンパク質合成系をもっていますが、これらの性質も細菌のものとよく似ています。

ミトコンドリアのDNAは細菌のものと同様に環状です。また、ミトコンドリアでのタンパク質合成活性は、クロラムフェニコールという殺菌作用をもつ抗生物質でおさえられますが、この抗生物質は、宿主細胞のタンパク質合成系には作用しません。

ミトコンドリアでは、祖先である細菌のDNAがもっていた遺伝子の大部分が、宿主細胞の核のDNAの中に組みこまれてしまいました。ごく一部の組みこまれなかったもののみが、現在のミトコンドリアDNAになったのです。

たとえば、哺乳動物細胞のミトコンドリアDNAにはたった一三個のタンパク質の遺伝子しか存在しません。ミトコンドリアを構成する数百個のタンパク質の大部分は、宿主から供給されるものなのです。

余談になりますが、一九九五年の日本ホラー小説大賞を受賞した瀬名秀明氏の『パラサイト・イヴ』という作品は、このような背景のもとに書かれました。その昔、独立した生物であったミトコンドリアが私たちの細胞の中に侵入し寄生していたのですが、あるとき突然目覚めて、宿主である人間を攻撃し始めるというストーリーです(もちろん、現実のミトコンドリアには、このようなことを起こす能力はありませんが)。

《イベント❹》　性の出現と死の宿命

一五億年ほど前、一つの大きな変革がありました。それは有性生殖の出現です。それまでの無性生殖では、一つの細胞が分裂することで増殖していましたが、有性生殖では、メス、オスの二匹の親のそれぞれに由来する二個の配偶子（はいぐうし）があわさることによって、新しい個体をつくります。

しかし、考えてみてください。無性生殖では一匹の子をつくるのに一匹の親でよかったのに、有性生殖は二匹の親が必要です。つまり、無性生殖であればすべてがメスで、メスだけで増えていけるのに、有性生殖になると約半分の個体をオスにしなければなりません。次の世代をつくるという生殖のみを考えると効率は悪く、不利な方法ではないでしょうか。

それにもかかわらず、生きものの世界をながめると、有性生殖を行う生きもののほうが、圧倒的に高度に進化しています。有性生殖はなぜより有利なものとして広がり、高等な生きものとして進化したのでしょう？

有性生殖の出現、言いかえれば、性の出現のもつ、子孫の数をふやすということ以外の利点は何か考えてみましょう。有性生殖を行う種の多くでは、一対の相同染色体（そうどうせんしょくたい）のうちの片方に遺伝子の突然変異（とつぜんへんい）が生じても、対になったもう一つの染色体上の遺伝子が健全であれば、多くの場合、健全な形質が現れて、個体は育ちます。

　また、前の章で述べたように、遺伝子をランダムに組みかえることにより、多様な個性をもつ子孫を生むことができ、多少の環境の変化に打ち勝てるものが出てきて、種の生存に役立っているとも考えられます。

　一方で性の出現は、生きものに重大な運命（さだめ）を課しました。無性生殖では、細胞が分裂して増えたとき、元の細胞は消えて二つの新しい同一の細胞に置きかわります。新たに生まれた二つの細胞のあいだには、親子関係は存在しません。

　染色体は複製されて二そろいになり、それぞれが新たに生まれた二つの細胞に分配されます。細胞の中にある染色体以外の物質も、ほぼ半分ずつ分配されます。元の細胞をつくっていたものすべてが新しい細胞に引きつがれ、伝達されないものはありません。

　つまり、細胞の世代の終わりはあっても死がいというべき物はありません。途中で環境の急変など何らかの事故がなければ、何世代にもわたって子孫細胞に受けつがれていき、本来、そこには「死」は存在しません。

ところが、有性生殖の場合は、精子や卵子などの配偶子はそれらがつくられた元の個体から離れ、たがいにあわさって別の新しい個体をつくります。そして、元の体はもう生きものとしての役目を果たして死をむかえ、死体を残します。

「性」の誕生によって、生きものは「死」を受け入れざるを得なくなったといわれています。

《イベント⑤》　単細胞から多細胞へ

一〇億年ほど前、いくつかの細胞が集まって生活しているうちに、たがいに違う役割を分担するようになり、細胞同士がより緊密につながった多細胞生物が生まれました。

単細胞生物から多細胞生物への中間にあると考えられているのは、「群体(ぐんたい)」とよばれるものです。群体の典型的な例はボルボックスで、数百～数千の細胞が寒天のような物質でまとめられ、球状の形をしています(図3-12)。細胞間には細胞質の連絡はみられませんが、全体が整合性のある運動や反応を示すのでたがいになんらかの連絡があるようです。構成して

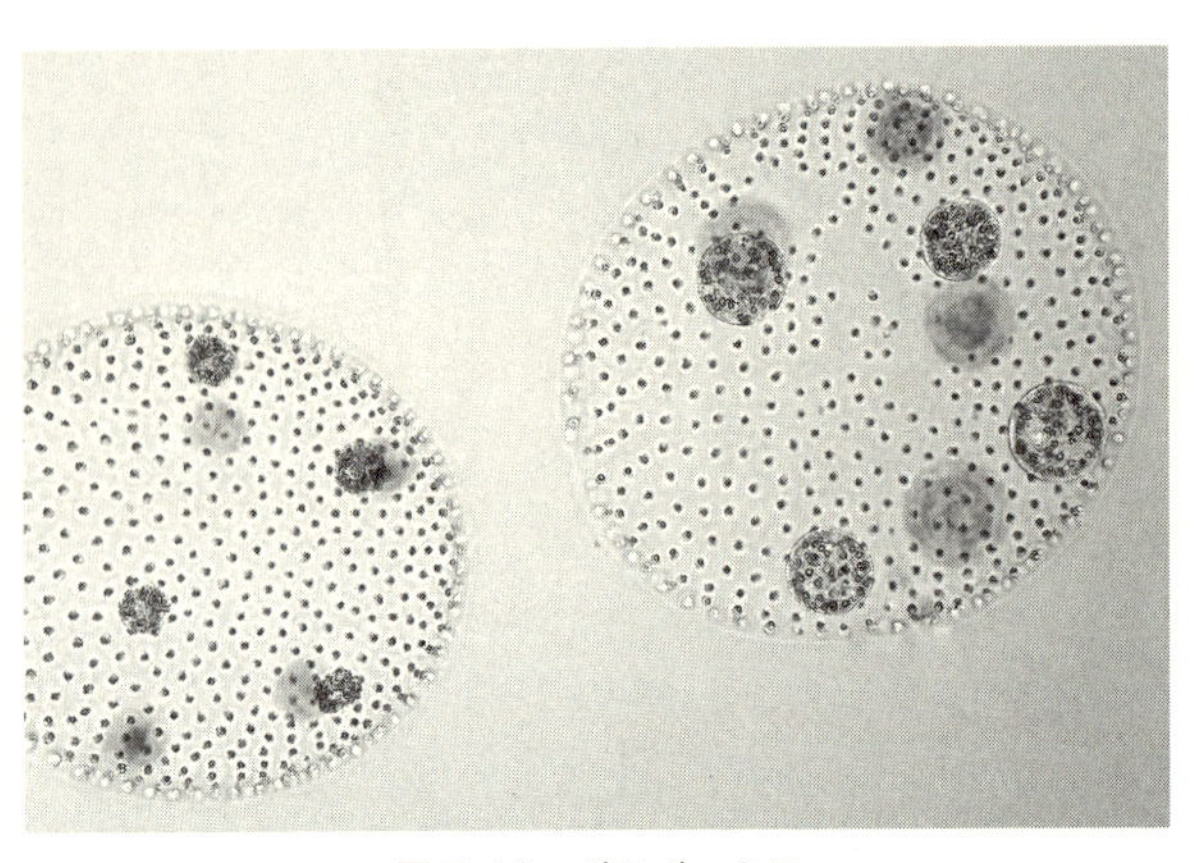

図 3-12　ボルボックス

いる細胞たちすべてが同じではなく、少なくとも二種類の、働きの違う細胞に分化しています。

単細胞生物は、生きていくための機能をすべてもっています。多細胞生物の一つ一つの細胞は、たとえば私たちの細胞も、単一の受精卵から生まれたものなので、受精卵の細胞と基本的に同じ遺伝情報をもっています。

しかし、次々と細胞が増えるにしたがって、それぞれが異なった機能を分担するように特殊化され、形の上でも割り当てられた機能にあうように多様化します。それらの細胞たちは独立して生きているのではなく、物質や情報を交換しあって、細胞集合体である個体を維持しています。

さて、一般に多細胞生物は独立した単細胞が集合したものと考えられていますが、逆に、一つの個体としての細胞が分裂して多細胞化したものという考えもあります。

たとえば、私たちヒトの受精卵においても、一個の細胞から全体としてはほぼ同じ大きさのまま内部で分裂が進み、受精から約一週間後の胚盤胞期になると二〇〇～三〇〇個の細胞になり、外側の栄養芽層と内部の内部細胞塊の二種の細胞群に分かれます。そのうち内部細胞塊が、胎児へと成長していきます(図3-13)。

このような形で多細胞生物が誕生したと考えると、単細胞生物における細胞は、多細胞生物では細胞ではなく個体に相当することになります。細胞が集まったのではなく、分割されてそれぞれに役割が与えられた、と考えられるのです。単細胞生物から多細胞生物の出現は、集合なのでしょうか、それとも分割なのでしょうか?

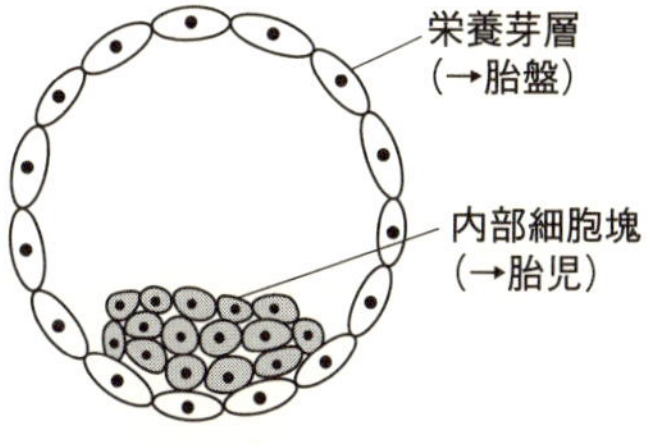

図3-13 胚盤胞。受精後約5日後、細胞が最初に2種の細胞群に分化。外側(栄養芽層)は母体と胎児との間を結ぶ胎盤に、内側(内部細胞塊)は胎児になる

《イベント❻》 陸上への進出

いまから五億年ほど前、動物は爆発的な進化をとげ、さまざまな姿の生きものが誕生しました。そのなかに、体の内部に骨をもつ脊椎動物のなかま、魚がいました。脊索をもつホヤ類の幼生からナメクジウオのような脊索動物が現れ、さらにそれが脊椎動物に進化したと考えられています。

「いのち」の誕生から約三六億年間、もし地球を外から見たら生きものらしきものは何も見えず、死の星と考えられたでしょう。しかしじつは、海の中では、さまざまな生きものがそれぞれの生きかたを工夫しながら、懸命に生きていました。

ところが、約四億年前、ついに生きものたちは陸上に進出を始めました。まず植物がコケ類として進出し、しだいに多様化、大型化しながら内陸へと広がり、やがて陸地をおおいつくし、環境を一変させ、「緑の惑星」にふさわしい景観を形づくりました。

水中から陸上への移動は、生きものたちにとってはきわめて大きな環境変化です。たとえば、植物が水中から陸にあがるには、少なくとも二つの難題、体の乾燥をどうふせぐか、体をどう支えるか、がありました。これらに対して植物たちは、ワックス状のクチクラ層を体の表面に形成して水分の蒸散をふせいだり、維管束組織などを発達させて体を支えるなどして、陸上の環境に適応していきました。

植物が地上で繁栄し、大量の酸素をつくりだすようになると、追いかけるように動物たちが次々と上陸を果たしました。

いまでもそうですが、植物がいないと動物は存在できません。動物の体をつくり、エネルギーの元になっているタンパク質、糖質、核酸などの炭素化合物の元はすべて、植物が光合成で大気中の二酸化炭素からつくったもので、動物はそれを利用しているにすぎません。したがって動物が陸上に進出するには、食べ物である植物がすでに存在していなくてはなりませんでした。

水辺の昆虫たちが、続いてヒレが発達し肺呼吸ができるシーラカンスや肺魚のような魚たちから両生類が出現し、陸の環境に適応を始めました(図3-14)。新天地となった陸は環境が多様なので、動物たちも多種多様に進化し、数をふやしていきました。

脊椎動物が陸に進出したのは、両生類から爬虫類へ、爬虫類から鳥類、哺乳類へ、そしてヒトへと続く進化の旅のはじまりでした。

図 3-14　シーラカンス（上）と肺魚（下）。肺魚はエラをもっているが成長とともに肺が発達し、成魚では酸素の取り込みの大半を肺で行うようになる。シーラカンスは古生代に現れ、中生代末５度目の大量絶滅で全滅したとされていたが、1938 年に生きた個体が見つかり「生きた化石」と呼ばれる。ヒレのつけねはウロコにおおわれているが、筋肉質になっている

生物が陸上に進出し、繁栄できるようになった遠因の一つは、酸素発生型光合成生物の繁栄にあります。すでに述べたように、大気中の酸素が増加すると、酸素から生じる活性酸素によってタンパク質や核酸の働きがさまたげられるリスクはまします。

しかし酸素には、それに勝る効果がありました。それは、酸素が成層圏においてオゾンを形成することによります。成層圏のオゾン層は、宇宙からの紫外線を吸収・遮断（しゃだん）し、遺伝子が紫外線によって突然変異を起こすのをふせいでくれるのです。

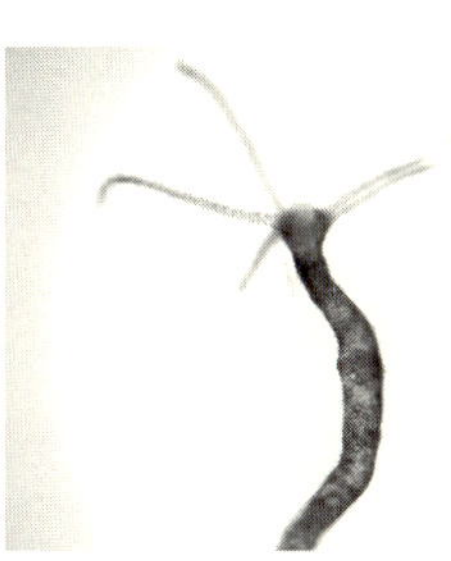

図3-15　ヒドラ

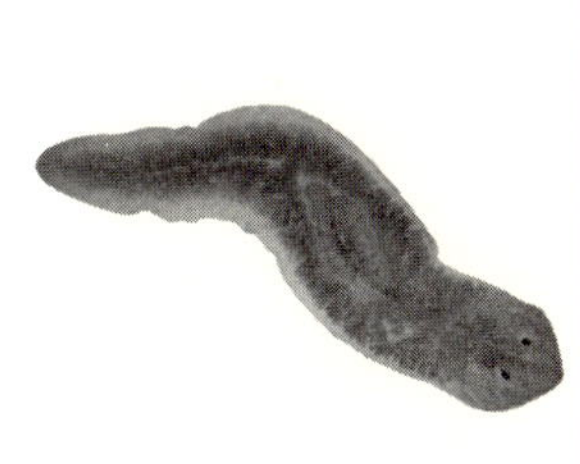

図3-16　プラナリア

《イベント⑦》神経系と脳の獲得

最後になりましたが、現在のヒトの繁栄をもたらすことになった大きな変化をあげておかなければなりません。それは、動物だけが獲得した神経系と、その後の脳への進化です。

多細胞生物が出現して細胞の分化が明確になるとともに、光、化学物質、機械的刺激などを感知し、その情報を全身のほかの細胞に伝達できる神経細胞が現れました。最初は、ヒドラ(図3-15)やイソギンチャクのような刺胞動物にみられますが、はっきりした神経節(球状の細胞塊)や脳のような構造はなく、体中に網目状の神経網が形成されました。散在神経系とよばれるものです。

神経系が集中した中枢神経系や初期の脳は、五億年以上前、扁形動物とよばれるプラナリア(図3-16)にみられます。その後、神経細胞の数と種類が増え、複雑な脳をもつようになります。たとえば、軟体動物のイカやタコでは、小型哺乳類に相当する億単位(一億〜二億個、ヒトの脳は千数百億個)の細胞数に達し、高度の視覚能力、触覚識別能力、平衡(へいこう)感覚能力をもっており、学習中枢も発達しています。

さらに、脳は二つの方向、するどい感覚力、すばやい運動能力を実現させた小さくても精妙な脳と、高度な学習能力をもつ巨大な脳へと進化しました。前者は、節足動物(とくに昆虫)の微小脳とよばれ、一mm^3にも満たない脳にきわめて精妙な働きをもつ集積回路(神経細胞は数十万個)がつまっています。そして後者は、ホヤやナメクジウオなど脊索動物における神経管の獲得に始まり、脊椎動物、さらに哺乳類の脳へと進化しました。

これらの脳は、メカニズムの基本は似ていますが、それぞれの動物たちの異なる生きかたを支えるために、具体的には食うためと食われないために、それぞれ最適に設計された最高の情報処理装置といわれています。

微小脳では、学習や記憶より、少数の神経細胞によるすばやい応答を重視しています。それに対して、脊椎動物は体が比較的大きく長寿命なこともあり、脳は学習や記憶を重視した大容量記憶回路をもち、多少低効率で緩慢(かんまん)であっても、精密さや柔軟性を重視した情報処理を行うように進化しました。そして、最終的には大脳皮質のきわめて発達した、私たちヒトの脳(大脳皮質の細胞数は約一四〇億個)へと進化したのです。

さて、私たちは、脳の神経細胞を顕微鏡で観察したり、神経細胞が化学物質や電気信号を介して情報を伝達している様子を観察することはできます。しかし、大容量記憶回路の実態はどのようなものか、そこに記憶がどのように蓄積されているか、それがどのようにして取り出されるのかなど、くわしいことはまだわかっていません。また、脳や神経細胞が、どのようにして「こころ」を生み出しているのでしょう。これは、二一世紀の生命科学の最大の課題です。

四〇億年にわたる「いのち」の旅のなかで、その方向を決めてきた七つのビッグ・イベントを紹介してきました。そして、最後のイベントによって獲得した神経や脳を最も発展させたヒトが、現在、生きもののなかで頂点として君臨しています。

次章からは、わたしたちにつながるヒトの旅を、追いかけてみましょう。

第4章　化石とDNAが語るヒトの旅

化石が教えてくれること

現在ではみることのできない何千万年、何億年も前の生きものを調べる唯一の手がかりは、地中に閉じこめられた彼らの遺骸（いがい）、つまり化石です。化石や化石がうまっていた場所の状況を解析し、生前の姿や生態、生きていた環境を知ることによって、生きものの進化の過程を解き明かすことができます。

化石という、現在にかろうじて残されている限られた過去の情報をつなぎ合わせ、当時の地球や生きものについて推測するのです。新しい化石が見つかり、新たな事実が積み重ねられるごとに、推測が徐々に真実に近づいていきます。

生きものの体で化石になる部分は、ごく限られています。体をつくっていた有機物の大部分は、微生物によって分解されてしまうからです。多くの化石は、骨、貝殻、キチン質などに由来する炭酸カルシウム、リン酸カルシウム、ケイ酸、キチン、セルロースなどを主成分としています。そこで、化石が示す姿は、脊椎動物の骨格や、貝などの軟体動物や昆虫などの節足動物の外骨格などが、大部分をしめています。

しかし、化石として残るには、さまざまな条件が満たされていなければなりません。骨格なども地面の上に出ていれば風化して、いずれは姿を消してしまいます。化石として残るには、死後の早い時期に地中にうもれるなどして、空気と遮断される必要があります。水中にいた生きものの化石が多いのはそのためです。

ただし、条件がよければ、木の葉や、恐竜をはじめとする動物の皮膚や羽毛の形が残っているもの、貝の内部が構造を保ったまま石英や黄鉄鉱などほかの鉱物で充塡されたものもあります。樹の形がそのまま残っているように見える珪化木(図4-1)は、木材の成分の炭素(C)が化学的に似ている珪素(Si)に置きかわったものです。石炭は、古代の植物が地中で酸素から遮断され、微生物による分解も受けず、炭化したものです。

キチンやセルロース以外の有機物が見つかることもありますが、ごくまれです。二〇〇五年にアメリカで、ティラノサウルスの大腿骨から柔軟性を残した血管や骨細胞が発見され話

図 4-1　珪化木

題になりました。このほか、映画「ジュラシックパーク」でよく知られるようになった琥珀(こはく)(マツなどの樹液〔松やに〕が固まり化石化したもの)に取りこまれた昆虫や、シベリアで発掘された保存状態のよいマンモスの死体などの例もあります。

生きものの体だけでなく、彼らの生息の痕跡(こんせき)(足あと、巣穴など)も化石の一種とされ、「生痕化石(せいこんかせき)」とよばれています。たとえば、貝などのはったあと、恐竜の足あと、カニなどの巣穴のあとなどから、その動物がどのように生きていたかを知ることができます。タンザニアでは、三六〇万年前のヒトの祖先、アウストラロピテクスの足あとの化石が見つかっており、そこでは親子が並んで二足歩行していたと推察されました。

ときには、動物の排せつ物の化石(糞化石)も見つかることがあり、その動物の消化器官の様子や、エサにしていた生物を知る重要な手がかりとなっています。また、ある種の恐竜の卵の化石が一か所に集中して大量に見つかることが多いので、彼らが子育てをしたのではないかと推論されています。

このように、化石からは、生きものたちの姿だけでなく、行動も知ることができるのです。

化石の時代はどう決めるのか

さて、私たちが一つの化石を見つけたとき、その生きものが生息していた時代をどうすれば知ることができるのでしょう? それは、その化石が発見された地層がつくられた時代によってわかります。

地層と化石とのあいだには、二つの基本的な法則があります。まず、いくつかの地層が積み重なっているとき、上の地層ほど新しい時代の層である(地層累重の法則)こと、そして、場所がはなれていても同じ種類の化石が見つかる地層の時代は同じである(地層同定の法則)ことです。化石は地層から、また地層は化石から知ることができます。そして、地層と化石はその地域、さらには地球の歴史を記録しているのです。
まず、ある地域でみられる地層の積み重なった順序とそれらの地層ごとに見つかる化石を調べ、どんな種類の化石がどんな順番で見つかるかを調べます。ある場所でAタイプの化石あるいは岩石が、Bタイプの化石や岩石の下にあり、別の場所でCタイプの下にBタイプがあれば、たとえ、AタイプとCタイプが同じ場所に見つからなくても地層の堆積は下からA–B–Cの順であると推測できます。

このような研究を多くの地域で行い、それらの結果をつないでいくことで、地層が断続的に分布していても、広い地域の積み重なりを知ることができます。同時に、その地域にどんな種類の生物が現れ、そして消えていったのかを知ることができます。

このとき、地層を対比する指標となる化石を「示準化石」といいます(表4-1)。示準化石には、フズリナ(有孔虫のなかま、図4-2)、三葉虫、アンモナイトなどよく知られてい

表 4-1　示準化石の例

地質年代		示準化石
古生代		三葉虫 フズリナ
中生代		アンモナイト 始祖鳥
新生代	旧第三紀・新第三紀	ビカリア メタセコイア
	第四紀	マンモス ナウマン象

図 4-2　フズリナの化石

図 4-3　珪藻（左）と放散虫（右）

る化石をはじめ、貝類、甲殻類、さらに微細な放散虫や珪藻（図4-3）などがあります。これらの多くは、個体数が多く、ある時期のみに広い範囲に生存し、しかもそのあいだに形態が変化しているので、細かく時代分けすることが可能になります。

　示準化石のようにその生物が生きた時代を特徴づけている化石は、次の時代の地層からは見つかりません。これは、その生物は次の時代へ行く前に絶滅しているということを示しています。実際、三葉虫がほとんど姿を消したのは古生代から中生代へのかわり目であり、次の中生代と新生代の境界付近では、恐竜やアンモナイトが絶滅しています。いいかえると、各代の境界は大量絶滅が起こったときで、その時期を境に生きものの種の入れかわりがあったということです。

地質年代と数値年代

さて、古生代、中生代、新生代などと述べましたが、これらは、特徴的な化石などによって時代分けされたもので、文字通り、古い生物の時代、中くらい古い生物の時代、新しい生物の時代、という意味です。

こうした時代区分を地質年代といい、大きな区分が中生代、新生代などの「代」で、代はさらに、ジュラ紀、白亜紀、第三紀などの「紀」に分かれています(表４-２)。こうした大まかな地質年代はすでに一九世紀までにつくられていたそうです。

地質年代は相対年代ともいい、地層や化石(過去の生きもの)の相対的な順番を表していま

表 4-2　地質年代と数値年代

代	紀	数値年代
新生代	第四紀	260 万年前
	新第三紀	2300 万年前
	旧第三紀	6600 万年前
中生代	白亜紀(はくあき)	1 億 4500 万年前
	ジュラ紀	2 億　100 万年前
	三畳紀(さんじょうき)	2 億 5200 万年前
古生代	ペルム紀	2 億 9900 万年前
	石炭紀	3 億 5900 万年前
	デボン紀	4 億 1900 万年前
	シルル紀	4 億 4400 万年前
	オルドビス紀	4 億 8500 万年前
	カンブリア紀	5 億 4100 万年前
先カンブリア時代	原生代	25 億年前
	太古代	40 億年前
	冥生代(めいおうだい)	46 億年前

すが、具体的な年数を表してはいません。これに対して、三億年前とか六五〇〇万年前というように、数字で表された年代を「数値年代」あるいは絶対年代といいます。第3章で示した図3-3は、生きものの進化の様子を数値年代で表しています。

数値年代を知るには、化石中にふくまれる放射性元素を測定する「放射年代測定」という方法がよく使われています。

一番身近な放射性元素は、炭素です。炭素には、質量数が異なる三種の原子(C12、C13、C14)が存在します。これらをたがいに「同位体である」といいます。これらのなかで、C14は不安定で、放射線(ほうしゃせん)を放出する放射性同位体です。C14は、ベータ線を放出して窒素(ちっそ)(N14)に変わりますが、その半減期は約五七〇〇年です。このままではC14はどんどん少なくなってしまいそうですが、たえ間なく地球に降りそそいでいる宇宙線によって新しくつくられ、五七〇〇年たって半分になる(半減期)のと毎年新しくつくられるのとがほぼ釣り合っていて、地球上のC14の割合はほぼ一定だと考えられています。

ところが、生きものの体の一部になった炭素、たとえば、タンパク質を構成している炭素は、燃えたりくさったりしなければ、再び大気中に出ていくことはありませんし、大気中の新しい炭素と入れかわることもありません。そのため、生きものの体に取りこまれたC14のC12に対する割合は、時間とともに(五七〇〇年で半分に)減少していきます。そこで、この割合を測定して、そのタンパク質がつくられた年代を推定するのです。このように、炭素を用いた場合では、約六万年前までの年代をはかることができます。

この方法は、シカゴ大学のリビー(一九〇八~八〇年)により確立され、エジプト考古学などに応用されました。彼はこの功績によって、一九六〇年のノーベル化学賞を受賞しています。

六万年前より古い化石や岩石の数値年代をはかるには、C14より長い半減期をもつ放射性同位元素を使います。たとえば、カリウムをふくむ鉱物が多いこともあり、その同位体K40が用いられます。K40は半減期一二億四八〇〇万年で、アルゴン40に変換します。これにより、数百万~数十億年の年代の確認が可能です。

こうして化石、とくに示準化石やそれらをふくむ地層の数値年代がわかります。すると、それと同じ地層から出土した化石生物の生息年代がわかるのです。さらに、その地層の前後の層の年代も推測がつきます。

　このほかに、火山灰や樹木の年輪なども有益な情報を与えてくれます。大噴火が起こると、その火山灰は広い地域に飛ばされます。それが積もって一つの地層をつくります。たとえば、九州の火山の噴火で飛び出した火山灰が、北海道の地層からも、何層も見つかるそうです。すると、遠くに離れた地域であっても、地層の成分を分析することによって、同じ時代の地層を正確に決めることができます。さらに、その火山の噴火が古文書などに記録されていれば、何年何月何日までも決めることができるのです。

分子から知る「いのち」の旅

　しかし、化石から多くの生きものたちの進化の道すじを知るのには、当然限界があります。化石になりにくいために、化石として見つからない生きもののほうが圧倒的に多いからです。そのような場合、現生の生きものたちを比較し、それらの類縁関係を調べることによって、進化の道すじを推測する方法がとられています。比較する二つが似ていれば共通の祖先から分かれてそれほど時間は経っていないと考え、違いが多ければ分かれたのは遠い過去であると考えるのです。

そのような比較は、はじめは形を比べることによって行われていましたが、タンパク質のアミノ酸配列やＤＮＡ・ゲノムの塩基配列が解析できるようになった現在では、ＤＮＡ・ゲノムの比較が主として行われています。現在生存している生きものたちの遺伝子を比較することで、進化の歴史を推測するのです。異なった生物間の同じ遺伝子の塩基配列を比較することから、系統樹を作成して、生きものの進化を推定します。そのため、ＤＮＡ・ゲノムは、「分子化石」とよばれることがあります。

今ここにいる生きものたちがもっているゲノムは、四〇億年前の生命の起源にまでさかのぼることになり、生きものの歴史がきざみこまれています。たとえば、カブトムシとヒトをながめて、どこが似ているとか似ていないとかいっても、比べるのはなかなか難しいことです。両者はあまりにも違いすぎています。

また、カブトムシとヒトとの共通の祖先が何であって、いつごろ分かれて、それぞれどのような道をたどって進化してきたかを知ろうとしても、これらのあいだに存在したと思われる過去の生きものたちはほとんど絶滅してしまって、調べることはできません。

しかし、現存する生きものたちのゲノムを取ってきて分析し、どこが似ているか、どこが違うかを比べると、四〇億年のいのちの歴史のなかで、ヒトはどのような経路をたどってヒトになってきたのか、カブトムシはどのようにしてカブトムシになってきたのか、おたがいがどういう関係にあるのかということがわかるのです。

このようなことを調べるのが、「分子進化学」とよばれる分野です。

では、ＤＮＡに秘められた進化の情報をどうやって引き出すのでしょうか？　それにはまず、近縁の生きもののＤＮＡの塩基配列を比較します。両者で違っている塩基があれば、これは両者が共通の祖先から分かれて現在にいたるあいだに、どちらかの系統で起きた変化(集団に広まった変異)です。

異なっている塩基の数(塩基置換数)が多いほど、それらの生きものが分かれてからの時間が長いことになり、塩基置換数を進化距離の目安にすることができます。このことを利用すると、現存している生きもののＤＮＡを調べることで、過去に起きた進化の道すじがわかるのです。

しかし残念なことに、この方法ではすでに絶滅した生きものについては調べることはできません。

じつは、この考えかたは最初、タンパク質のアミノ酸配列の違いを比較することから提案されました。DNAの塩基配列が容易に解析できるようになる前のことです。

一九六二年、アメリカのポーリング(一九〇一～九四年)とフランスのズッカーカンドル(一九二二～二〇一三年)は、あるタンパク質のアミノ酸配列が系統的に似ている生物間ほど似ていることに気がつき、いくつかの生物における特定のタンパク質のアミノ酸配列を比較してみたのです。

すると、比較した生きもののあいだで観察されるアミノ酸の置換数(ちかんすう)(異なったアミノ酸の数)と、化石から知られている生きものの分岐年代とのあいだに、きれいな相関関係があることを見出しました。それは、時間の経過とともにタンパク質中のアミノ酸の置きかわりが一定のペースで起こることを示しています。その置きかわり度を「分子進化時計」と考えたのです。

たとえば、血液中で酸素を運搬する役割を果たしているヘモグロビンのα(アルファ)鎖のアミノ酸配列の違いは、一四一個のアミノ酸のうち、ヒトとゴリラは一個、オランウータンは一〇個、ウマは一八個、イヌは二三個、イモリは六二個、コイは六八個であり、生きものとしてヒトとの違いが大きいほど、アミノ酸の違いも大きくなります。

ヒトとウマの例で計算すると、化石の記録からヒトとウマの祖先が分かれたのは今から約八〇〇〇万年前と推定されています。一八個のアミノ酸置換がヒトとウマで平等に起こったと仮定すると、ヘモグロビンα鎖は平均約八八〇万年ごとに一個のアミノ酸が置換されていることになります。

このように、あるタンパク質について、二種の生物間の進化速度(アミノ酸置換速度)とそれらの生物間の化石による分岐年代がわかっていると、別の種同士のアミノ酸置換の比較から、それらのあいだの分岐年代も推定できます。そこで、化石からの記録のない生きものとヒトとの進化的な関係を知ることができるのです。

さて、さきほどはヘモグロビンを例にしましたが、アミノ酸置換速度はタンパク質によって多少異なります。タンパク質によって、置換してもそれぞれのタンパク質の機能や構造を保つことができるアミノ酸の割合が異なるからです。

機能的・構造的に制約されるアミノ酸の割合が大きいタンパク質ほど、置換速度は遅くなります。もし、制約されるアミノ酸に置換が起きると、そのタンパク質の働きはなくなり、その世代あるいは数世代のあいだにその置換アミノ酸をもった個体か子孫は生存できなくなってしまいます。したがって、そのようなタンパク質のアミノ酸置換の程度はみかけ上低くなり、置換速度が遅いと判断されます。

しかし、複数のタンパク質のアミノ酸置換速度を調べることで、生物間の進化的関係を推察することができます。一九六三年、アメリカのフィッチ(一九二九～二〇一一年)とマルゴリアッシュ(一九二〇～二〇〇八年)は、動物から菌類までの広範囲の生物から得られたシトクロムCという細胞内のエネルギー生産に関与している分子のアミノ酸配列を比較して、これまで考えられてきた生物の系統樹とほぼ一致することをたしかめました。

さまざまな生きもののDNAを扱うことができるようになると、比較する二種類の生物のDNA鎖を組み合わせたハイブリッドDNAの熱的安定性を調べることで、DNAの塩基配列の大まかな類似性を知ることができるようになりました。

異なった生物の二本鎖DNAに熱をかけて、それぞれ一本鎖にしてから混合します。両者のDNAが似ているほど組み合わせたハイブリッドDNA鎖は強固に結合しあうので熱安定性が高く、両者を離すのに高い温度が必要となります。この違いを調べるのです。

ヒトと類人猿との比較

ハイブリッドＤＮＡの方法を用いて、一九六七年、アメリカのサリッチ（一九三四～二〇一二年）とニュージーランド出身のウィルソン（一九三四～九一年）は、ヒトと、チンパンジー、ゴリラ、オランウータンなどの類人猿（るいじんえん）との進化的な関係を調べました。

そして、まずテナガザルと類人猿たちが分岐し、次いでオランウータンと、ゴリラ・チンパンジー・ヒトの共通の祖先が分岐し、さらにゴリラとチンパンジー・ヒトの祖先が分岐し、最後にチンパンジーとヒトが分岐したという結果を得ました。

骨格を中心として考えていた人類学では、ヒトはゴリラやオランウータンに近く、チンパンジーとは離れており、チンパンジーとゴリラはヒトとゴリラよりも近いと考えていました。

その後、遺伝子の研究が進み、また、遺伝子解析方法も進歩し、ＤＮＡの塩基配列の精確な解析が精力的に行われて、ヒトのゲノムとチンパンジーのゲノムの違いは一・二四％、ヒトとゴリラとの違いは一・六二％で、ゴリラよりもチンパンジーのゲノムのほうがヒトのゲノムに似ていることがわかりました。

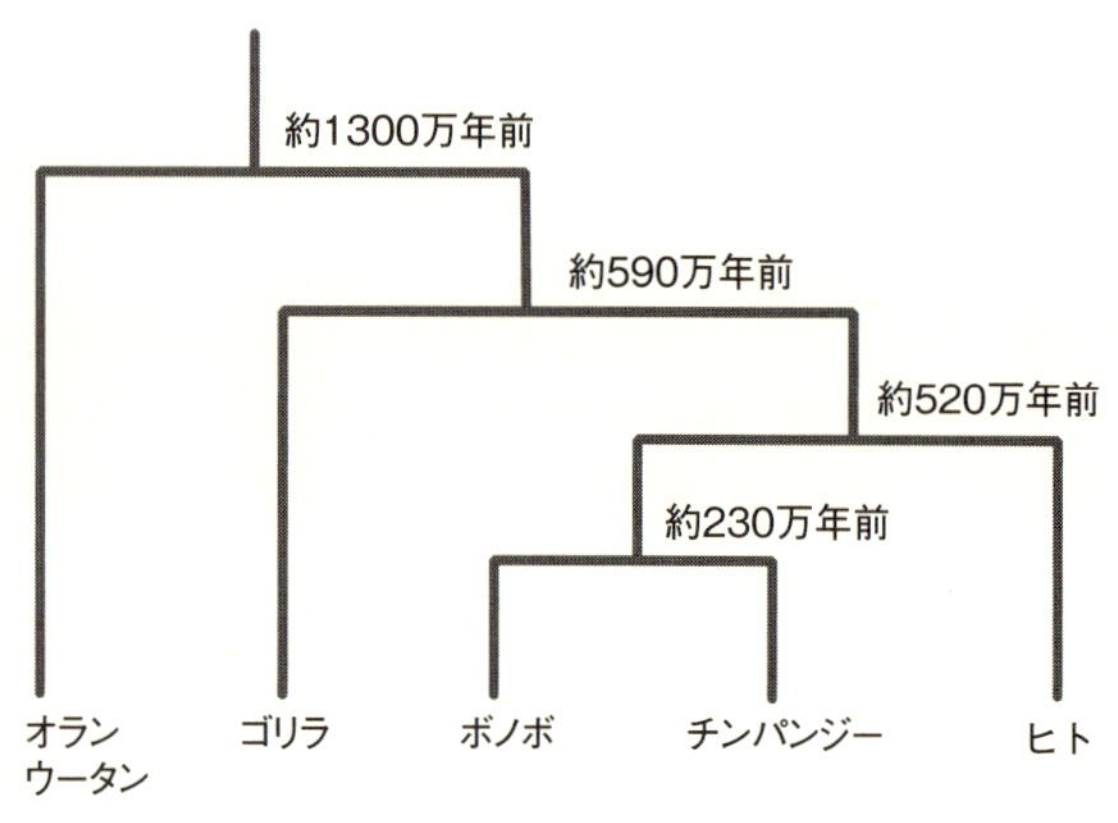

図 4-4　ゲノム解析から得られたヒトと類人猿との関係(長谷川政美『DNA からみた人類の起原と進化』海鳴社より作図)

つまり、わたしたちヒトはチンパンジーとは九八・七六%も同じなのです。こうして、基本的にはサリッチらの結果が裏づけられました(ちなみに、現在の世界中のヒト同士では、九九・九%以上同じです)。

ゲノム解析からわかった、霊長類(れいちょうるい)間の進化の関係は次のようになります(図4-4)。

約三〇〇〇万年前に、霊長類以前のサルのなかから霊長類全体の祖先動物が現れ、その動物から約一三〇〇万年前、まず、オランウータンと、ゴリラ・チンパンジー・ヒトの共通祖先とが分かれました。

次いで、約五九〇万年前、ゴリラと、チンパンジー・ヒトの共通祖先が分かれ、約五二〇万年前にチンパンジーとヒトが分かれたと計算されています。さらに、チンパンジーはヒトと分かれたのち約二三〇万年前、現在のチンパンジーとボノボ（ピグミーチンパンジー）とよばれる種に分かれたということです。

ヒトとニホンザルとのゲノムの違いは、八〜九％といわれています。したがって、チンパンジーはニホンザルよりもずっとヒトに近いのです。私たちは動物園などでチンパンジーをみたとき、「黒くて大きなサル」と考えがちです。でも、実際には、ニホンザルとチンパンジーとは、かなり違った生きものなのです。

実際、外見からも、ニホンザルやキツネザルは尾をもっていますが、オランウータン、ゴリラ、チンパンジー、ヒトには尾がありません。英語では、尾のあるサルのなかまをモンキー(monkey)、ないなかまをエイプ(ape)とよび、区別しています。人間が高度な知能をもつ猿に支配される「猿の惑星」という有名なSF映画がありますが、この映画の原題は「Planet of the Apes」であり、Monkeyではありません。

しかし、日本語では両者の区別がなく「猿」となります（もっとも、映画に登場する「猿」は直立二足歩行をしており、ゴリラやチンパンジーのなかまというよりは、猿人（えんじん）といったほうがよいかもしれませんが)。

猿人からホモ属へ

さて、現在は私たちホモ・サピエンスの一種類しかいないヒトですが、約七〇〇万年前に直立二足歩行を始めて以来、猿人、原人(げんじん)、旧人(きゅうじん)、新人(しんじん)と変遷(へんせん)し、そのあいだに数多くの種類のヒトが登場しては消えていきました。アフリカ大陸を中心に、これまで二〇種近いヒトの化石が発見されています(図4-5)。それらの多くは、異なる属であると考えられています。

しかも、いくつかは同じ時代の地層から発見されており、異なる属のヒトが同時代に複数独立して生存していたと考えられています。現在も、世界の多くの地域で発掘が進められていますが、新たに化石が見つかるごとに新しい知見が得られ、これまでの考えかたが少しずつ修正されています。

先に述べたように、DNA解析からは約五二〇万年前にヒトが誕生したとされていますが、近年、「最古の人類」として注目をあびているのが、アフリカ中部の六〇〇万~七〇〇万年前の地層から見つかったサヘラントロプス・チャデンシスです。ヒトがチンパンジーと分か

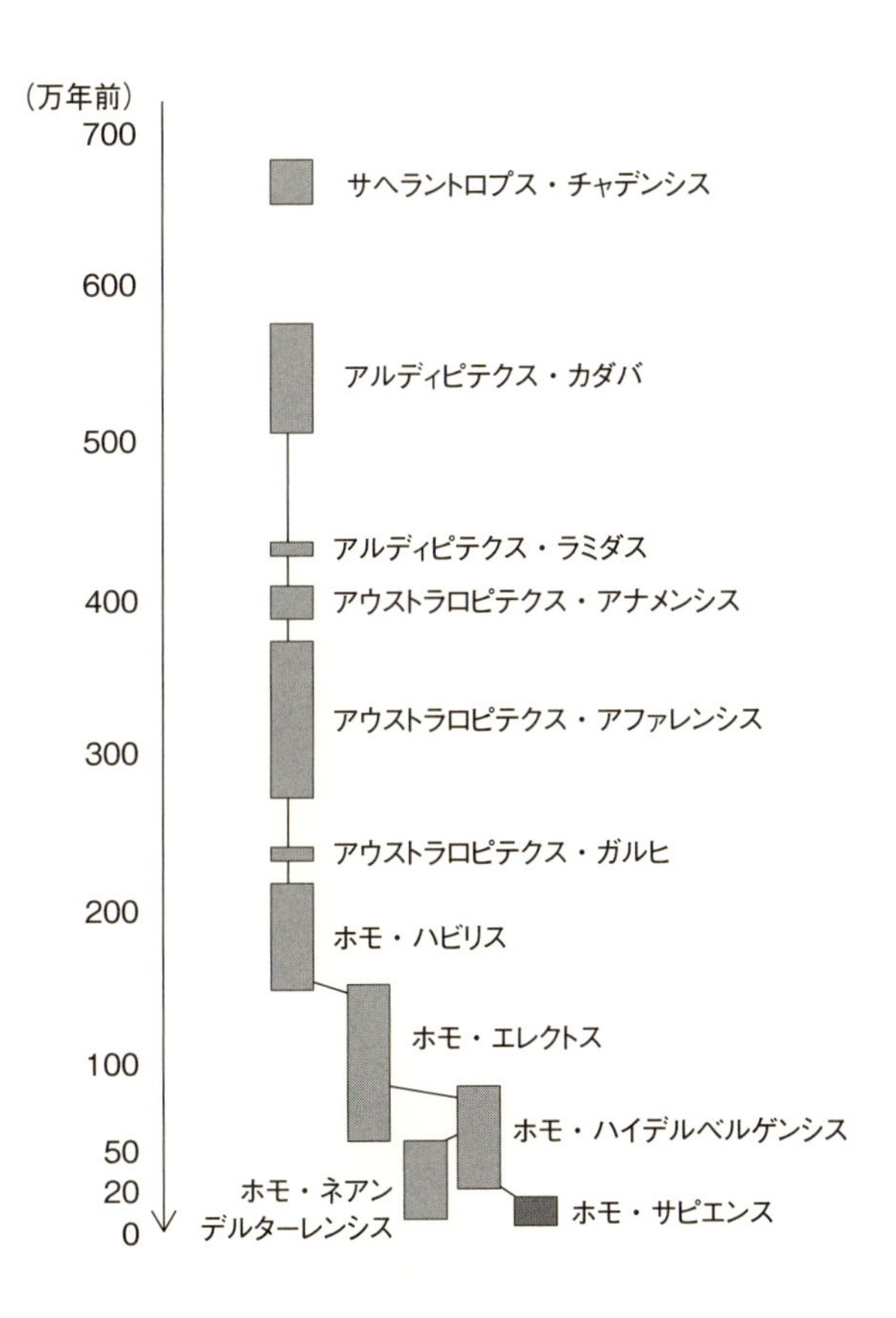

図 4-5　ヒトの進化の系統樹。ホモ・サピエンスにつながると考えられている属のみを示す（篠田謙一監修『ホモ・サピエンスの誕生と拡散』洋泉社より改変）

れた直後の人類ではないかといわれています。見つかったのは頭骨だけですが、頭骨が背骨のほぼ真上で垂直につながるようになっていたので、ヒトとしての指標である直立二足歩行が可能であったのではないかと予想されています。

この化石の発見により、ヒトが誕生したのは約七〇〇万年前ではないかとの考えが有力になりました。

サヘラントロプス属は猿人とよばれるきわめて初期の人類の一つですが、猿人は約一三〇万年前まで生息していただろうと考えられています。猿人としては、このほか、アルディピテクス属やアウストラロピテクス属がよく知られています。

アルディピテクス属は、約四四〇万年前頃、アフリカ東部のエチオピアに生息していたとされ、ラミダス猿人がふくまれます。一方、アウストラロピテクス属は少し後の約四二〇万年前から約二〇〇万年前に生存していたといわれ、エチオピアと南アフリカで多くの種類が見つかっています。

中でも、一九七四年にエチオピアで見つかったアウストラロピテクス・アファレンシスに属する成人女性の個体で、発見当時はやっていたビートルズの「ルーシー・イン・ザ・スカイ・ウィズ・ダイアモンズ」にちなんで命名された「ルーシー」という化石が有名です。

また、二〇〇〇年に同じ地域で同じ属の約三歳の女児のほぼ完全な頭骨をふくむ全身化石が発見され、二〇〇六年に詳細が報告されました。彼女は「ルーシーの赤ちゃん」とよばれています。

一方、二〇一五年、南アフリカでルーシーとほぼ同じ時期の「リトルフット」とよばれる女性の化石が発見されました。ルーシーは頭骨がほとんど見つかっておらず、全身の骨の四〇％しか残っていないのに比べて、リトルフットは九〇％以上の骨が無傷で残っている、ほぼ完全な化石でした。

さらに同じ年、エチオピアで三三〇万～三五〇万年前の新種の猿人化石が発見され、アウストラロピテクス・デイレメダと命名されました。今から三〇〇万年以上前、ともに二本の足で歩いていたこの猿人たちとルーシーの一族が現在のエチオピアにあたる地域のサバンナで生息しており、もしかしたら偶然に出会って、おたがいに「自分たちとはちょっと違うけど、よく似た連中だな」と思っていたかもしれません。

さて、これらの猿人は、直立二足歩行をしていましたが、脳は現在のヒトの三分の一程度で、身長も一一〇〜一五〇㎝と、チンパンジーとほとんど同じであったといわれています。かれらは「チンパンジーの脳がヒトの体にのっている」、あるいは「直立二足歩行するチンパンジー」と想像することができます。

こうして、多くの種類の猿人がアフリカで誕生し、同時期に数種のヒトが森林やサバンナに生息していたのですが、それぞれしだいにほろびていきます。そして、それらのうちのどれかから約二五〇万年前に「ホモ属」とよばれる新種のヒトが登場しました。

猿人であるアウストラロピテクス属と原人以降のヒト属(ホモ属)の双方の身体的特徴をあわせもっている、猿人からヒト属への進化の過程を解明する上で重要な鍵をにぎっていると考えられる化石が近年次々と発見されています。

二〇〇八年、南アフリカで見つかった約二〇〇万年前のセディバ猿人とよばれる属は、上半身はほぼアウストラロピテクス属に、下半身はほぼヒト属に近い体をしていたと考えられています。さらに、二〇一三年、同じ地域でホモ属の非常に初期のメンバーと考えられる人骨化石が発見され、ホモ・ナレディと名づけられました。ナレディとは、現地の言葉ソト語で星という意味だそうです。

二〇一八年、この化石の主は、これまで考えられていたよりはるかに新しく、三三・五万年～二三・六万年前に生きていたらしいと発表されました。

いまのところ、猿人から原人への移行形態にある属や初期の原人と考えられる属が、エチオピアと南アフリカ東部の二か所で見つかっています。ともにホモ属のルーツと考えられますが、私たちのルーツはエチオピアなのか、南アフリカなのか、どちらなのでしょう?

ネアンデルタール人は私たちの直接の祖先か?

初期のホモ属は原人とよばれ、約二五〇万年前から数万年前まで生存していたといわれるホモ・ハビリス、ホモ・エレクトス、ホモ・ハイデルベルゲンシスがよく知られています。

現在確認されているなかで最も古いホモ属とされているのは、猿人たちより少し脳が大きいこと(現生人の約半分)から人類最古の石器のつくり手ではないかと考えられている、ホモ・ハビリス(器用な人)と名づけられた属です。

ホモ・エレクトスは成人男性で身長一四〇～一六〇㎝、体重は五〇～六〇㎏と現代人より少し小柄ですががっちりしており、体毛は濃く、背中までびっしり体毛が生えていたと考えられています。脳容量は九五〇〜一一〇〇㎖で、現生人類の四分の三程度でかなり進化しています。

彼らの一部は、一八〇万年前頃、人類ではじめてアフリカを出て中東からヨーロッパやアジアに進出しました。ジャワ原人、北京原人などはアジアに進出して絶滅した彼らのなかまです。インドネシアのフローレス島には、ホモ・フロレシエンシスという身長一〇〇㎝ほどの小型の原人が約一万年前まで存在していたといわれています。二〇〇一年に公開されてヒットした映画「ロード・オブ・ザ・リング(指輪物語)」に出てきた小人族(ホビット族)のような人類は、実在していたと考えられます。

ホモ・ハイデルベルゲンシスは、約九〇万年前にアフリカかヨーロッパのどこかで誕生し、これらの地域に広く拡散し、約二〇万年前まで生存していました。彼らは、原人というより次の旧人に近い存在であるとされています。

次に現れた旧人は、一八五六年にドイツのネアンデル渓谷で発見されたネアンデルタール人(ホモ・ネアンデルターレンシス)に代表されます。

一九世紀中頃、イギリスに始まった産業革命からほぼ一世紀、ドイツにおいても、当時急速に発展しつつあった製鉄産業や農地改良のための石灰(岩)の需要が高まり、デュッセルドルフなどライン川河畔の工業地帯の周辺では、石灰岩を求めていたる所で採掘が行われていました。ライン川の支流のデュッセル川渓谷沿いには石灰岩を掘削(くっさく)する無数の洞穴がほられていました。その一つで、採掘作業員たちが人間のものに似た骨をほり出したのです。

その後、フランスでほぼ完全な骨格が発見されました。ネアンデルタール人はヨーロッパと西アジアを中心におよそ三万年前まで生存していました。身長は成人男性で一六〇〜一七〇㎝、体重はおよそ八〇kgあっただろうとのことで、かなりたくましい体つきでした。脳体積は平均一五〇〇㎖で、現生人(ホモ・サピエンス)の平均一三五〇㎖よりやや大きかったようです。

ただ、脳の形は前後に長くて上下に低く、現生人のものとは異なっていました。なお、ほかの哺乳(ほにゅう)動物の脳の大きさとの比較からも、脳の大きさと知能とは単純な比例関係はないことがわかっています。

ネアンデルタール人の化石がアフリカでは出土していないことから、彼らは、すでにヨーロッパにいたホモ・ハイデルベルゲンシスから進化したと考えられています。

化石が発見されてから一〇〇年近くのあいだ、かれらは腰をまげて中腰でヨタヨタと歩く類人猿のような姿に復元されていました。当時のヨーロッパではキリスト教の影響が強く、現生人との違いを強調させたかったようですが、実際には、現生人とそれほど違わなかったと思われます。直立二足歩行をしていたことや、のどにある骨の位置から推測して、現生人ほどではないにせよ、言葉も話せた可能性が指摘されています。したがって、かれらが現在の社会にまぎれこんでいても、一見では区別がつかないでしょう。

第1章でも紹介したように、ネアンデルタール人の墓に、そこで咲くはずのない花の花粉が見つかり、彼らは死という概念を知っていて、故人に花を手向け哀悼(あいとう)の意を表す心をもっていたのではと考えられています。イラクでは、頭部に大けがをして片眼が失明し、右腕もないという重度の障害をもつネアンデルタール人が、高齢まで生きていた証拠が見つかっています。彼はひとりでは生きていけなかったでしょうから、なかまに助けられて生きていたと考えられています。ネアンデルタール人には、他人を思いやる気持ちがあったのでしょう。

ですが、ネアンデルタール人と現生人とは、遺伝子上かなり違いがあると考えられます。二体のネアンデルタール人のミトコンドリアDNAの特定の部分三七八塩基について調べられたことがありますが、これら同士には大きな差が認められませんでした。同様に、現生人同士で同じ部分を調べると、七～八塩基の違いが認められました。さらに、ネアンデルタール人と現生人を比較したところ、三七八塩基中二六塩基に違いがあったのです。しかも、その場所は、現生人で変異のあった七～八か所とは異なるところだったのです。

現在世界中に生存している、多くの民族出身の一七四人のミトコンドリアDNAの塩基配列を解析したところ、これらの人々の起源はいずれもアフリカに住んでいた女性(ミトコンドリア・イブとよばれている)までたどれることがわかりました。もちろん、「一人の人類の母」という意味ではなく、一つの集団のなかの女性というイメージです。その集団は、数千人くらいの規模だったのではないかとのことです。

さらに、現生人のあいだでの変異量の解析から、彼女は約一六万年プラスマイナス四万年前、つまり、最大で二〇万年前に生存していたと計算されました。そこで、現生人(新人、ホモ・サピエンス)の祖先は、せいぜい二〇万年前にさかのぼる程度で、そのころにアフリカにいたホモ・ハイデルベルゲンシスから進化し、出現したのではないかと考えられています。

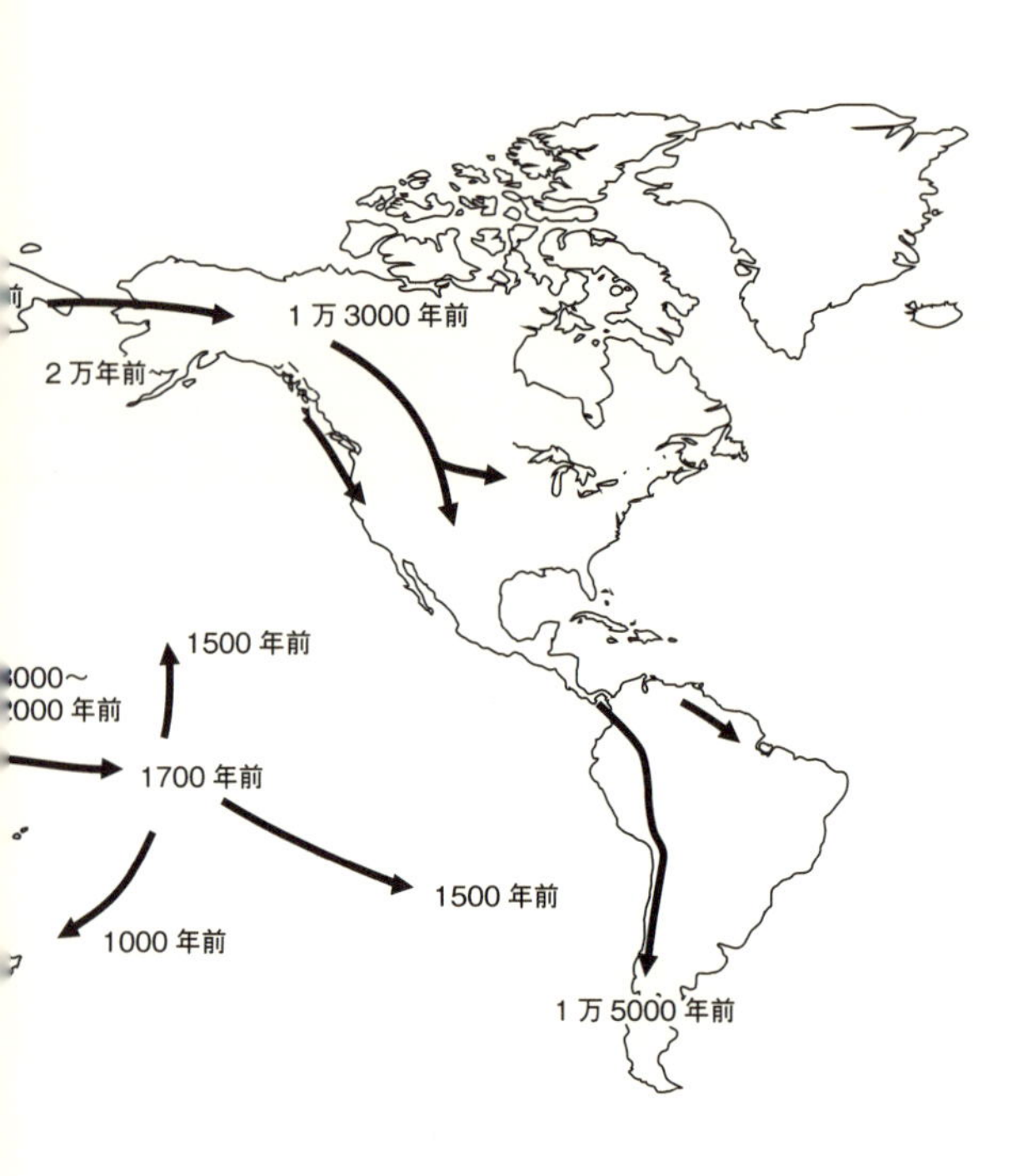

したがって、ネアンデルタール人は現生人の直接の祖先ではなく、共通の祖先であるホモ・ハイデルベルゲンシスから異なる時期に枝分かれして進化した、いわば親戚関係にある属であるといえます。

　第3章で述べたように、ホモ・サピエンスは六万年ほど前にアフリカから出て世界中に広がっていきました(図4-6)。したがって、ネアンデルタール人と私たちホモ・サピエンスは中東からヨーロッ

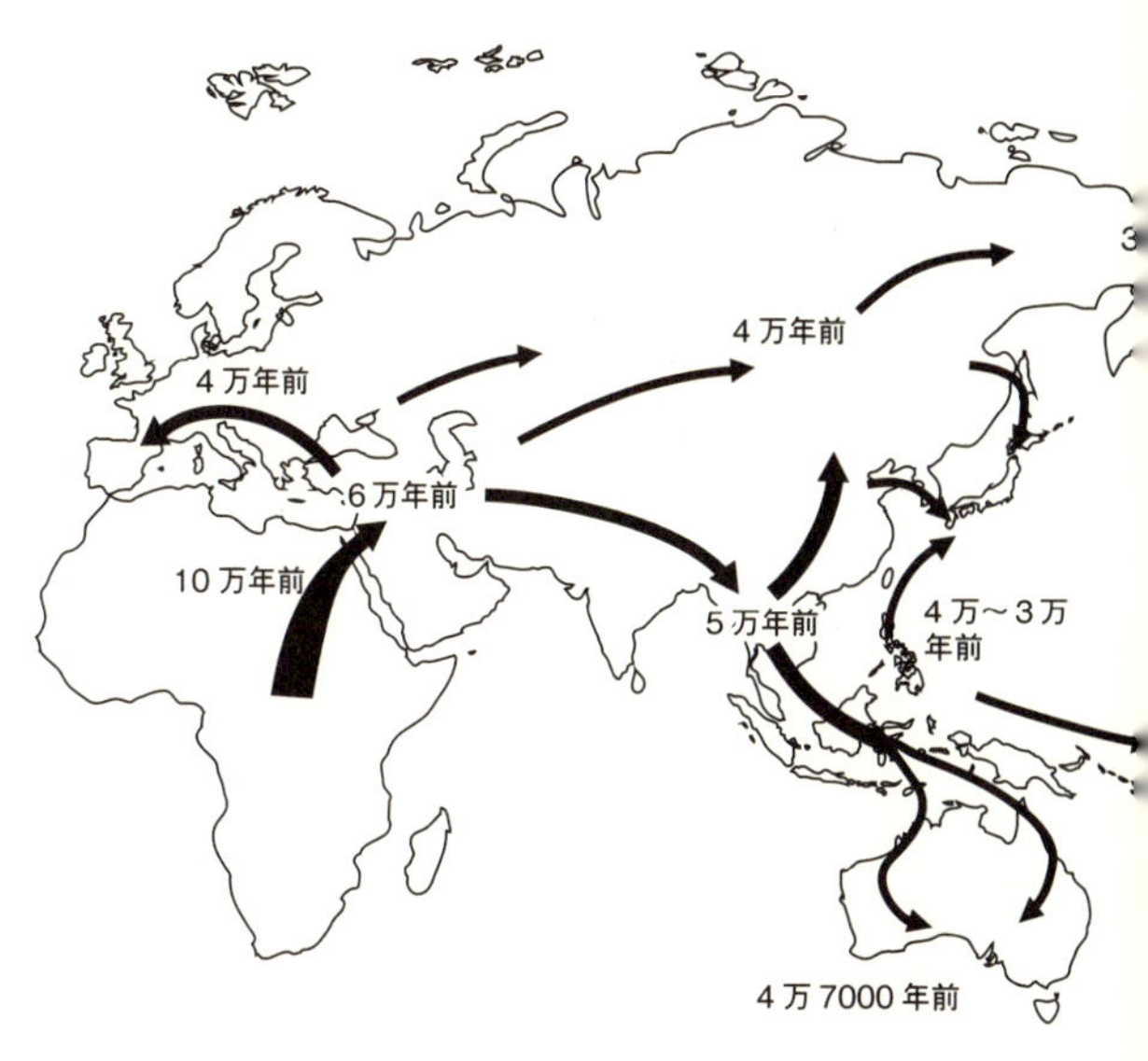

図4-6　ホモ・サピエンスの旅。約6万年前にアフリカを出たホモ・サピエンスは、日本には約4万〜3万年前に、3つの方向から渡ってきたと考えられている（篠田謙一監修『ホモ・サピエンスの誕生と拡散』洋泉社より改変）

パ地域で同時に生存していたことになります。では、ネアンデルタール人と私たちの祖先とは、どのような関係にあったのでしょう？

現代人にネアンデルタール人のDNAの痕跡がみられることは以前からいわれていましたが、絶滅してしまったネアンデルタール人と私たちの祖先は、いつ、どこでまじわったのでしょう？　現在、そのなぞ解きのデータが次々と報告されています。

二〇〇二年にルーマニアで発見された、四・二万〜三・七万年前の現生人類の男性の化石のDNA解析結果が、二〇一五年に発表されました。それによると、この男性のわずか四世代前にネアンデルタール人の祖先がいた――つまり、この男性の高祖父か高祖母(祖父母の祖父母)が、ネアンデルタール人であったというのです。

また、現生人としては現在最古と思われる四・七万〜四・三万年前に生存していたヒトの化石がシベリアで見つかり、そのDNAを解析したところ、このDNAにもネアンデルタール人のDNAの痕跡がありました。その変異率をもとに、彼が生きていた時期の一・三万〜七〇〇〇年前に交雑が起こったとわかりました。これから、現生人である彼の祖先とネアンデルタール人の交雑時期が、六万〜五万年前と見積もられます。

これまでは、交雑があったとすれば、現生人がアフリカを出て間もなく、中東で比較的早い時期であったのではと考えられていましたが、ヨーロッパから西アジアにかけての広い範囲で、さまざまな時期に交雑があったようです。

私たち日本人も、ネアンデルタール人のDNAの一部をもっているということですが、それはいつごろ、どこでもつようになったのでしょうか……?

◆コラム　ＤＮＡ解析にミトコンドリアＤＮＡが使われるのは

ＤＮＡ解析にはミトコンドリアのＤＮＡがよく用いられていますが、それにはいくつかの理由があります。

第一の理由は、ミトコンドリアＤＮＡの数の多さです。一個の細胞にミトコンドリアは数百個ふくまれており、一個のミトコンドリアにＤＮＡが五、六個あるので、細胞あたりでは三〇〇〇個以上も存在します。核のＤＮＡは細胞あたり一個しかふくまれていません。そのため、限られた試料からより多くのＤＮＡ数を得ることができるので分析が容易になります。

さらに、核ＤＮＡに比べて二〇万分の一くらいの大きさで、サイズが小さくてあつかいやすいことも大きな利点です。古代の骨から出てくるＤＮＡは、大体みんなこわれているので、解析できる部分が全体のどの部分か同定するのは至難の業（わざ）です。それに対し、ミトコンドリアＤＮＡの場合はサイズが小さくて、しかも数が多いので、復元して解析しやすいのです。

二番目は、ミトコンドリアDNAは核DNAに比べて塩基置換(変異)が起こる速度が五〜一〇倍速いことです。とくに、比較的短い時間での進化の様子を精度よく調べることができます。たとえば、ヒトとチンパンジーの核DNAの違いはおよそ一・二%と述べましたが、ミトコンドリアDNAでは約九%であることが知られています。

三番目は、ミトコンドリアDNAが母性遺伝であることです。つまり、母親のものだけが子に伝わり、父親のミトコンドリアDNAは次世代にはまったく関与せず、核DNAとは異なった遺伝のしかたをします。

母親のものだけが子に伝わるので、何代さかのぼっても一人の女性に行き着きますが、核のDNAの場合は、両親のDNAが混ざりあうので、たとえば一〇代さかのぼれば一〇二四(二の一〇乗)人のDNAが混在したものになり、解析がきわめて複雑になります。ある遺伝的特徴が、一〇世代前のどの祖先に由来するのかを特定することは、ほぼ不可能です。

ただ、ミトコンドリアDNAでの解析の場合、その結果は母系のものしか反映されていないという制限があることを、常に意識しておかねばなりません。

ところがじつは、男性のみを通じて次世代につなげられているDNAもあります。それは、男性のみがもつY染色体です。

ヒトの場合、染色体は二三対四六本あり、そのうち二二対四四本は男女同じですが、二三番目の染色体は性染色体とよばれ、女性ではXX、男性ではXYと男女で違いがあり、これが性を決定しています。このうち、Xは共通ですが、Y染色体は男性のみがもち、この染色体上にある遺伝子、雄性化因子(SRY遺伝子)が男性であることを発現させています。

Y染色体は、父親から男子へと渡されますので、この染色体を解析すれば、ミトコンドリアDNAの場合と同じような解析が可能です。

最近は、ミトコンドリアDNAとともに、Y染色体を用いた解析もさかんに行われるようになり、たとえば、世界各地の民族の由来、日本人のルーツなどが調べられています。

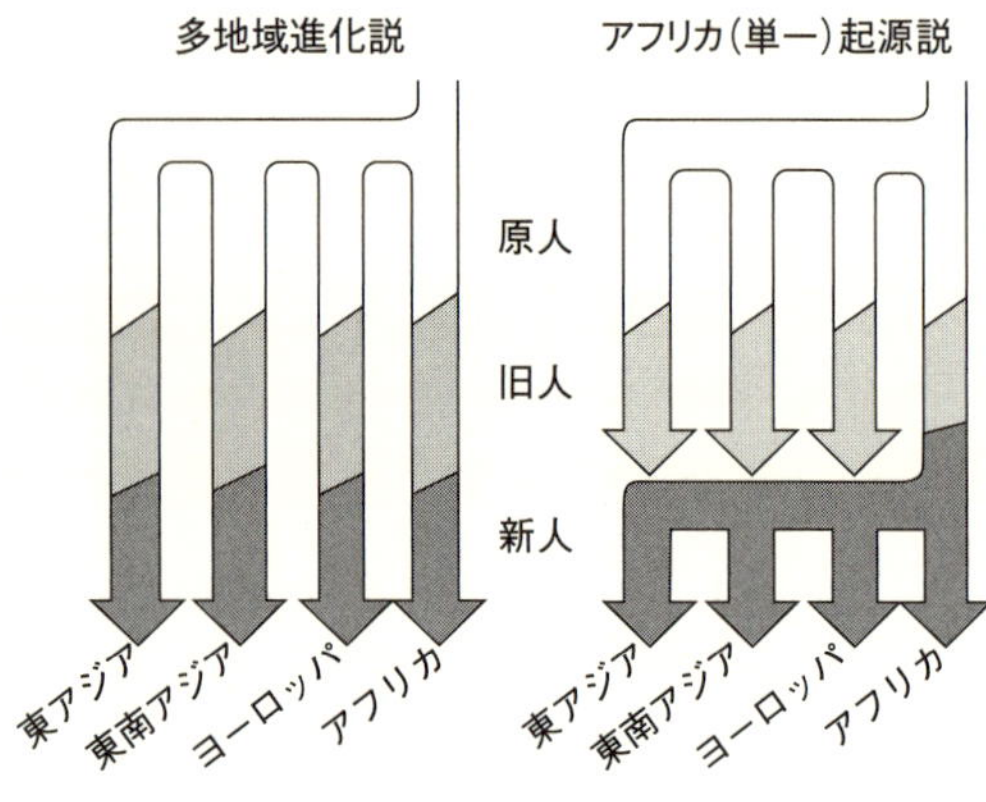

図 4-7　現生人の起源についての２つの考えかた

現生人類の祖先は一種類か?

オリンピックの開会式など、世界の人びとが一堂に集まったときの映像を見ると、現生人のなかにも体型や肌の色が異なる、多くの人種がいることがわかります。大まかには、アフリカ系、ヨーロッパ系、東アジア系、オーストラリア系の四つに分けられますが、この違いは、いつから起こったのでしょう?

これには、二つの考えがあります。一つは、現生人類の起源はたいへん古く、現在みられる人種の特徴は、それぞれの地域に進出した原人を祖先として独自に進化して得たものだという考えです(図4-7)。

しかし、異なる地域の原人や旧人はかなり異なった特徴をもつのに、現代の人種間では遺伝的にはきわめて似ています。この矛盾(むじゅん)に対して、この説では、現代では人種間の交流により混血されたためであると考えます。これを「多地域進化説」といいます。

もう一つの考えかたは、現生人類が誕生したのは最近であり、アフリカから世界中に広がり、各地域にいた旧人たちの子孫とのあいだでの混血は存在してもきわめて少なく、旧人たちにかわって勢力をのばしたと考えます。

そして、現代人のあいだでの、たとえば肌の色などの違いは、同じ人類が世界中に広がったのち、それぞれの地域で短時間に分化したと考えるのです。一万年もあれば今のような肌の色や体型の違いが出ることは可能であるといわれています。実際、二〇一八年、一万年前のイギリス人が、褐色の肌と青いひとみの持ち主であったことが報告されました。この考えかたを「単一起源説(アフリカ起源説)」といいます。

多地域進化説によれば、現代ヨーロッパ人はネアンデルタール人の子孫と考えられ、両者のＤＮＡはあまり違わないはずです。しかしすでに述べたように、両者のＤＮＡの比較によれば、現代人のあいだではたとえほかの地域にいる人でもＤＮＡの違いは少なく、ネアンデルタール人とは、はるかに大きな違いがあります。

ミトコンドリアＤＮＡで分類すると、現生人類は大きく四つの集団に分けることができるそうです。そのうち、三つまではアフリカ人のみの集団、残る一つの集団に、一部のアフリカ人、すべてのアジア人、ヨーロッパ人、南北アメリカ人、そして、オーストラリアのアボリジニや太平洋の島々の人々がふくまれます。

つまり、ネアンデルタール人との比較のデータにみられるように、多くのアフリカ人をのぞく全世界の人々のＤＮＡはほとんど同じであり、それぞれの共通祖先は原人たちが分かれた一〇〇万年、二〇〇万年前までには戻らないということです。

これらのことから、現在では「単一起源説」が有力な説と考えられています。

しかし、先に述べたように、ネアンデルタール人と現生人との交雑が確認されたことや、メラネシア人やオーストラリアのアボリジニ、パプアニューギニアの先住民などのＤＮＡに、中央アジアを中心に生存していたデニソワ人(ネアンデルタール人の近縁属)に由来するＤＮＡを多くふくんでいることがわかり、地球上のすべてのホモ・サピエンスが同じ経路を経て進化したのではなく、地域によって別のホモ属との交雑があったと考えられます。

そこで、単純な「単一起源説」ではなく、「多地域起源説」の考えを加味した新しい考えが必要なようです。

さて、アフリカに、現生人の大部分とは違ったＤＮＡをもつ集団が複数存在するのは、ホモ・サピエンスが誕生した直後、いくつかの集団がアフリカの中で離ればなれになり、それからずっとそこに住んでいて、おたがいに交流がなく独立に変異を重ねてきたためといえます。

それに対して、ほかの全世界の人々が似ているのは、約六万年前にアフリカを飛び出した一つの集団の子孫であるからといえます。

さらに、アフリカに大きく異なる集団がいくつかあるということは、理由はわからないのですが、アフリカでは変異が起こりやすく新しいヒトを生み出すなんらかの環境があることを意味しているのでしょうか。このことが、これまで新しい人類が常にアフリカで誕生してきた理由につながるのかもしれません。

これまで、約七〇〇万年におよぶヒトの変遷をみてきましたが、多くの種類のヒトの属が登場しほろびていったことがわかります。現在も次々と新しい化石が発見されていますので、ＤＮＡから得られた成果との整合性が検討されると思います。双方の結果が一致してはじめて、本当の歴史が明らかになります。
ヒトの歴史だけみてもまだまだわからないことばかりで、興味はつきません。

第5章　ヒトの旅の現在

地球上あらゆるところに生息する動物

ヒトが、大絶滅と多様化のくりかえしの「いのち」の旅のなかで、ごく最近、約七〇〇万年前に現れたことはすでに述べました。ヒトも「いのち」の旅のなかの一つの種類の生きものにすぎません。

それなのに、ヒトはたいへん特殊な生きものです。生きものとしてみたとき、赤道から極地、海岸から高地、湿地から乾燥地と地球のあらゆる地域に分布し、これほどの個体数をもつ体長一ｍ以上の生きもの、とくに動物としては、歴史上でヒト以外にいなかったのではないかといわれています。

信じられないような話ですが、現在、地球上一万ｍ上空で最もたくさんいるのは、私たちヒトだそうです。ジャンボ機に乗って旅行しているときに、一万ｍの高度を飛行しています。

現在ジャンボ機は二四時間どこかの空で飛行している状況ですから、かなりの数の人が常に一万m上空にいるというわけです。

また、二〇〇二年のデータですが、ニワトリをのぞく世界中で飼育されている六種類の家畜をあわせた総数が約四四億頭なのに対し、世界中の人口は約六三億人と約一・四倍でした。

表5-1 陸上に生息する動物種の個体数と総重量(FAOSTAT、総務省統計局・世界の統計などより)

動物種	個体数(億)	総重量(億トン)
ウシ	14.5	7.1
ヒト	73.5	3.9
スイギュウ	2.0	1.3
ブタ	9.9	0.6
ヒツジ	11.6	0.5
ヤギ	9.1	0.4
ニワトリ	221.1	0.3
ウマ	0.6	0.3

表5-1は二〇一五年のデータですが、陸上に生息する動物の種全体としての存在量、数ではなく量としての存在量(バイオマス、数×平均体重)のランキングを示しています。種としての重さで一番大きいのはウシで、その次に大きいのはヒトです。ウシは、数はヒトより少ないですが、体重が重いので存在量としてはヒトより大きくなります。三番目がスイギュウで、以下ブタ、ヒツジと続きます。

ところで、この表を見て何か気づきませんか？　それは、ヒト以外の動物はいずれもおもに家畜として、ヒトに飼われている動物たちだということです。したがって、ヒトは、自分たち自身の数や存在量が多いだけでなく、自分たちが生きるために、膨大な量の大型の哺乳(ほにゅう)動物を飼育しているのです。この動物たちの生息場所や食べ物も、じつはヒトの存在のためにあるといってもよいでしょう。

急増した人口

ある哺乳動物がどれほどの密度で生息できるかは、その動物の体重とその動物が利用している食べ物の性質(草食か肉食か)によるといわれています。肉食動物の生息密度は、相手がにげることができるので同じ体重の草食動物よりも広い土地が必要になるため、生息密度は低くなります(図5-1)。

狩猟・採集時代の人口密度は、一㎢当たりおよそ一人と推定されています。この値は、ヒトの平均体重を約六五kgとすると、図中で示したように、肉食動物と草食動物の中間になり、ヒトが雑食動物であることと一致します。このことは、ヒトが野生の生きものの一員であったことも示しています。

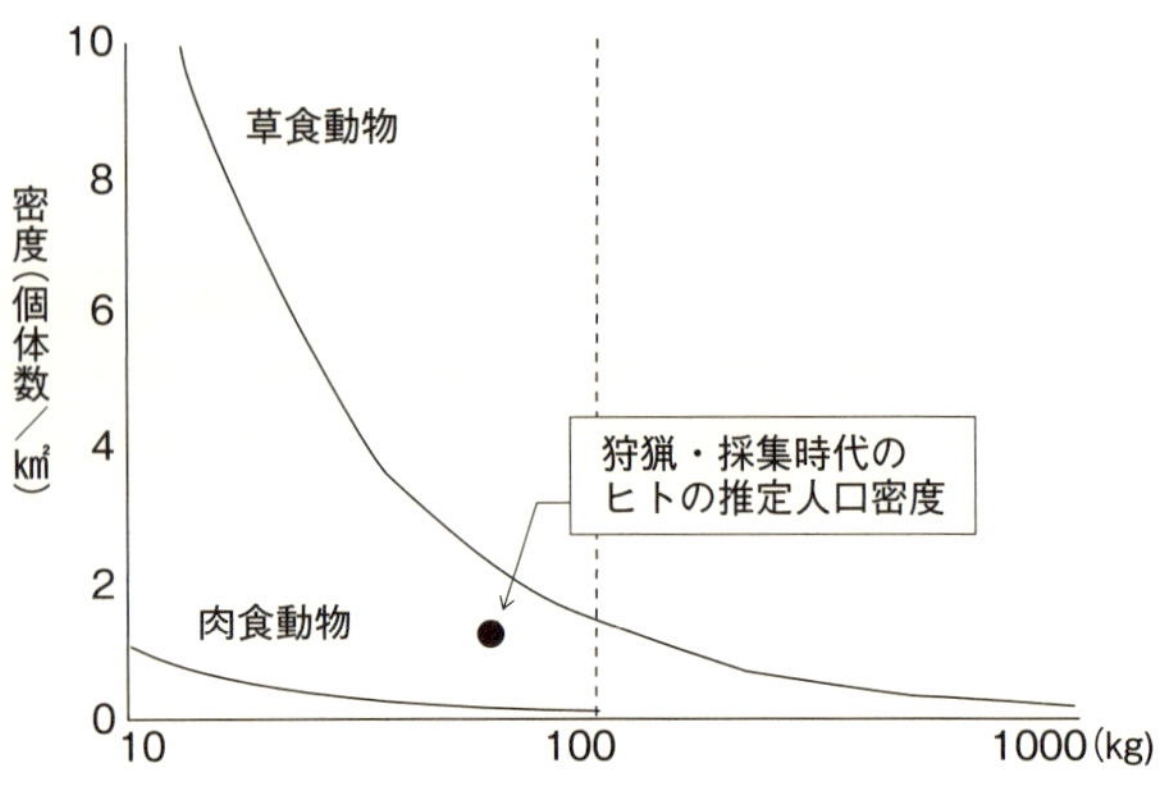

図 5-1　野生の哺乳動物の体重および生息密度の関係と狩猟採集時代のヒトの推定人口密度。横軸は動物の個体の体重、縦軸は 1 km²の広さに生息できる動物の個体数（長谷川眞理子編著『ヒト、この不思議な生き物はどこから来たのか』ウェッジ選書より改変）

ヒトがほかの野生生物と同じように採集や狩猟によって生活していたら、地球上に繁栄できる数は、せいぜい五〇〇万～一〇〇〇万人くらいではないかという計算もあります。ちなみに、ヒトと近い類人猿（るいじんえん）であるチンパンジーは現在約四〇万頭、ゴリラは約四万頭しかいません。

ヒトもチンパンジーやゴリラなどの類人猿と同じように体が大きく、子どもの数が少なく、成長速度がおそく、親による子どもの世話が多く必要な動物です。したがって、ヒトもこれらの動物と同様にどんどん個体数が増えていけるような生きものではありません。それなのに、

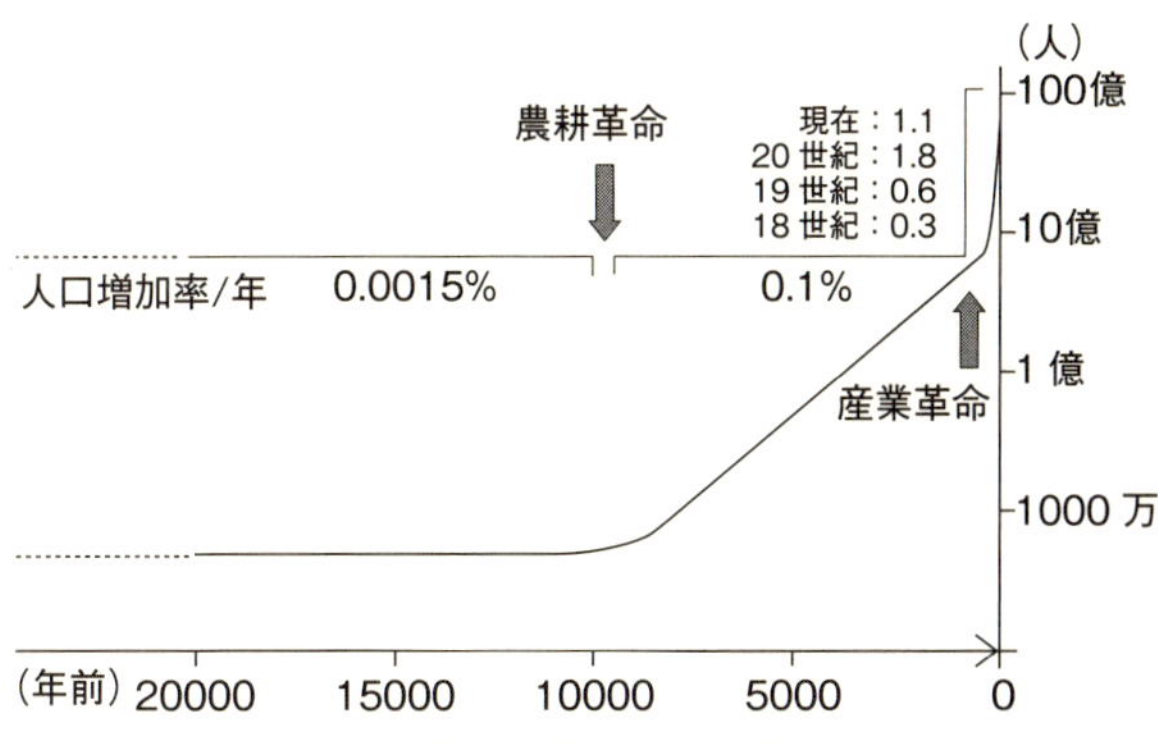

図 5-2　新石器時代以降の世界人口の推移。2つの明らかな折れ曲がりが認められる(内田亮子著『生命をつなぐ進化のふしぎ―生物人類学への招待』ちくま新書より改変)

どうしてこんなにまで増えることができたのでしょう？

また、これほど急激に増えた動物も、ヒト以外にいないのではといわれています。七〇〇万年間のヒトの歴史のなかで、人口が増えたのは最後の一万年だけで、それまではせいぜい五〇〇万～六〇〇万人にとどまっていました(図5-2)。

世界人口が一億人を突破したのは紀元元年頃です。西暦一〇〇〇年には二億人、一五〇〇年には五億人にまで増加しました。さらに、一九〇〇年には一五億人、一九八七年に五〇億人、一九九八年に六〇億人を突破し、二〇一一年一〇月末に七〇億人に達しました。地球上に現在生きているヒトの数は、ヒトが登場してからの七〇〇万年間に存在したすべてのヒトの数を積算した積算総人口の五%を超えているといわれます。

最近の一三年間に六〇億人から七〇億人へと一〇億人増えたということは、一年あたり八〇〇〇万人弱ずつ増えたことになります。これは、ドイツやエジプトの人口に匹敵します。つまり、毎年これらの国々と同じくらいの規模の国が、一つずつ誕生してきたことにあたります。

「世界人口白書」は、二〇五〇年頃まではアジアやアフリカで増加し続け、二〇五〇年には九三億人に達すると予想しています。その後、アジアでは減少に向かいますが、アフリカではさらに増加して、二一世紀中には世界人口は一〇〇億人を突破すると予測しています。

なぜ、爆発的人口増加は起こったか?

これまでの生きものの歴史からみれば、一つの生きものが地球の陸地表面をおおうほど繁栄できることはありませんでした。なぜ、ヒトはこれほどまでに増えることができたのでしょう?

図5-2では、新石器(しんせっき)時代以降の推定人口の変化を示していますが、はっきりした折れ曲

がり点が二か所あります。約一万年前と、ごく最近です。

　約一万年前の折れ曲がり点は、ヒトが農耕を始めた時期と一致します。ヒトは「農耕革命」によって人口をふやすことに成功したのです。それまで狩猟と採集により食べ物を得ていたヒトは、ほかの生きものとの競争や共存のバランスのなかで生きてきました。

　しかし、約一万年前に始まったといわれる農耕は、そのようなバランスの影響を受けずに生きていける、新しい可能性をつくりだしたのです。これまでより多くの食料をより安定して獲得することが可能になり、ヒトの数は急激に増えました。

　農耕の発明は、野生のものの採集や狩猟にたより、慢性的に飢餓に苦しんでいた古代人にとって、考えかたの大きな変革であっただろうと思います。手元にある貴重な食べ物をわざわざ犠牲にして地面にまいたのです。これは、まいた種が、次の季節にはより大きな報酬として戻ってくることを十分に理解していなければできないことです。野生の穀物の種子が自然にまき散らされ、そこからその量よりはるかに多くの種子が得られることを何度もみた、経験の積み重ねがあったからでしょう。

　同じようなことが、働くことについてもいえます。狩猟と採集の時代には、狩りをしたり、採集したりするのは、そのヒトと家族のその日あるいは数日間の食べ物のためでした。しかし、農耕では、働く時期とそれによって食べ物を手に入れることのできる時期とは、時間的にかなり離れており、結果がすぐに表れません。

農耕よりも狩猟・採集のほうが食物を獲得する手段としてはより容易であるし、多少のおもしろさもあります。農耕は結果がその場では見えず、きつい農作業をいまやることが将来の自分たちの食料の確保につながることを十分に理解して、はじめて可能なことなのです。

狩猟に対して農耕の大きな魅力は、土地の面積当たりでより多くの食べ物が得られることです。これによって、同じ広さの土地で養うことができる人の数を、飛躍的に増大させることができるようになりました。

さらに、農耕を始めたことによって、自然界、とくに生きものに対する理解をさらに深めることができました。より多くの収穫を得るために、作物の生長をより細かに観察し、試行(しこう)錯誤(さくご)ではあるけれどさまざまな工夫をしたことでしょう。そしてしだいに法則性のようなものを感じとったことでしょう。また、農業技術の発達にともなって、ウシやウマなど身近な動物の家畜化や給水・灌漑(かんがい)設備の発達がうながされたでしょう。

一方で、増加する人口を支えるため、森林や原野はきりひらかれて、農耕地は拡大していきました。地域の資源や土地には限りがあるので、当然、ほかの生きものが利用していた空間や食物は失われていくことになり、それらの生きものたちは生存しにくくなります。

ヒトが採集や狩猟にたより、長いあいだ慢性的な飢餓状態に苦しみながらも、それをなんとか克服してきた痕跡(こんせき)が、現代の私たちの体に残されています。血糖値(血液中のブドウ糖・グルコースの量)の調節機構です。

過度の空腹で血糖値が低くなり、脳に十分なブドウ糖が供給されない状態が続くと、昏睡(こんすい)状態におちいり、ときには死にいたります。そこで血糖値が低くなると、まず、副腎髄質(ふくじんずいしつ)からアドレナリンが、すい臓からグルカゴンが分泌(ぶんぴつ)され、肝臓などにたくわえられているグリコーゲンの分解を促進させ、ブドウ糖の生成を増加させて、これが血液中に放出されて血糖値を上げます。さらに低下したときには、コルチゾールや成長ホルモンなども動員されて、血糖値を上げるために働きます。

逆に血糖値が高い場合には、すい臓からインスリンが分泌され、血液中のブドウ糖の細胞内への取り込みを促進させるとともに、ブドウ糖をグリコーゲンに変換する活性や呼吸活性を上昇させて、ブドウ糖を消費させます。つまり、血糖値が下がった場合に対する対策は何通りか備えられていますが、上がった場合への対策はインスリンだけなのです。

ヒトは、長いあいだ飢餓の危険にさらされてきました。そのため、飢餓に対する対策はいくえにもとられてきたのだろうと考えられます。しかし、現在は糖尿病のように血糖値が高いことで起きる深刻な症状が、問題になっています。

飽食の状況がみられるようになったのは、ヒトの歴史でもごく最近のことです。進化の過程で、インスリン以外にも高血糖に対処する手段を獲得するには、飢餓への対策に比べて、時間がまだまだ不十分なのでしょう。

食料の地産地消からグローバル化へ

一九世紀になると、二度目の人口の飛躍的増加が始まりました。そのきっかけは一八世紀後半のイギリスに始まった産業革命です。綿花から糸をつむぎ、その糸を織って布を製造する紡績織布工業の機械化が発端でした。次いで、綿工業に必要な機械の生産のため製鉄業が発展しました。

原料としての鉄、燃料としての石炭の採掘が並行して開発され、一八三〇年代に蒸気機関車が発明され、原料の運搬や製品の積み出しに鉄道がしかれ、交通革命が起こりました。

さらに、一九世紀中ごろに、鉄道、蒸気船など近代的輸送機関の発達に加えて、びんづめ、かんづめ、冷凍法を中心とする食料保存法の発達によって、食料の革命が起こりました。冷凍船で、はじめて大量の牛肉と羊肉が、オーストラリアからイギリスへ運ばれたのが一八八〇年でした。

一九世紀前半には、ロンドンの人々の手に入った魚といえば、塩づけのニシンしかありませんでした。それが一八六〇〜七〇年代になると、冷凍装備のトロール船によって捕獲された新鮮な魚が、安い値段で庶民の食卓にとどくようになりました。

私たちの日々の食事をみてみましょう。食卓には、大豆や小麦のような穀類はもとより、新鮮であることが求められる野菜にいたるまで、多くの食材、加工食品が国内の離れた地域だけでなく、中国やアメリカなど遠く外国から運ばれてきたものもならんでいます。

狩猟・採集時代はもちろん、農耕時代でも産業革命以前までは、自分が得たもの、あるいは少なくとも顔をあわせることができる採集者や生産者から手に入れたものを食料としていました。しかし、産業革命以降は、多くの食べ物を自分がみたこともない場所や生産者から得て生きているのです。

たとえば、日本のカロリーベースの食料自給率は、昭和四〇年度の七三％から大きく低下し、ここ二〇年は四〇％前後で推移しています。つまり、私たちの日々の食べ物の約六割は、遠く海外の生産者に依存しているということです。国内産の畜産物でも飼料の約五〇％は国外から得ています。

ちなみに、二〇一一年度における世界各国の食料自給率を比べると、カナダ二五八％、フランス一二九％、アメリカ一二七％、ドイツ九二％、イギリス七二％に対して、韓国と日本が三九％と極端に低い値を示しています。

日本では、農業人口が減少し、耕作放棄地が増加している現在、食料自給率の上昇は困難であり、先進国のなかで最も食料について危ない状況にあると思われます。

少子高齢化社会の先端を行く日本

食料生産と流通の発達に加えて、ここ半世紀における人口増加のおもな要因は、医学の進歩により平均寿命がのびたことによります。まず、第二次世界大戦後、抗生物質の出現と環境衛生や栄養状態の改善によって、感染症による乳幼児の死亡率が激減しました。日本では、誕生一年以内の乳幼児の死亡率が、この半世紀で一〇分の一に減少しました。昔なら亡くなっていた数多くの子どもたちが、ぶじに成長して子孫を残せるようになったのです。

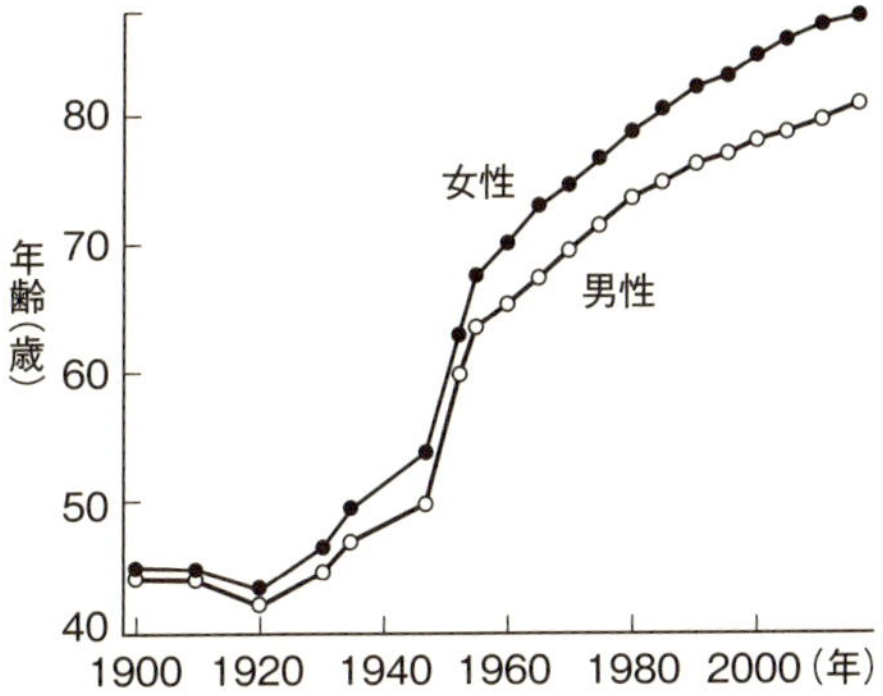

さらに、衛生環境の改善や健康診断、予防接種などの予防医療の普及と先端医療の発達によって、年々平均寿命はのびています。二〇一六年度の日本人の平均寿命は、男性八一・〇歳、女性八七・一歳と発表されました(厚生労働省「簡易生命表」より)。一九四七年には、男性五〇・一歳、女性五四・〇歳でしたので、六九年間に男女とも三〇年以上のびたことになります(図5-3)。

図 5-3　1900 ～ 2015 年までの日本人の平均寿命の推移。太平洋戦争後の 1950 年ごろから急速にのびている

このことは日本だけでなく、欧米はもとより、

世界人口の四〇%近くをしめる中国やインドでも同様です。インドでは平均寿命が一九五二年の三八歳から六二年間で六四歳に、中国では同時期に四一歳から七三歳にのびたそうです。そして、インドの人口(二〇一七年時点で一三・四億人)は二〇三〇年までに中国の人口(同、一四・一億人)を抜き、二〇五〇年までに一六億人強に達すると予想されています。

インド、アフリカを先頭に、世界全体の人口はぐんぐん増加しつつあります。しかし、厚生労働省の人口動態統計によれば、日本は人口が減少しつつあります。二〇一七年には一・二七億人でしたが、二〇五〇年には一億人を割りこみ、今世紀中には七五〇〇万人まで減少すると推測されています。

欧米諸国も日本と同様の状況にあり、先進国では少子高齢化、開発途上国では若者人口の増加が進み、両者の違いがますます顕著になります。

内閣府の「高齢社会白書」(二〇一三年)によれば、日本における六五歳以上の高齢者人口は、一九五〇年には総人口の五%に満たなかったのですが、一九七〇年に国連の報告書において「高齢化社会」と定義されている七%を超え、さらに、一九九四年には「高齢社会」と定義されている一四%を超えました。その後、高齢化率は上昇を続け、二〇一七年には二七・七％に達しており、もはや超高齢社会となっています。

先進諸国の高齢化率と比較すると、日本は、一九八〇年代までは下位、九〇年代にはほぼ中位でしたが、二〇〇五年には最も高い水準となりました。ちなみに、二〇一五年度の統計では、イギリス一七・八％、アメリカ一四・八％、中国九・六％、韓国一三・一％でした。

少子高齢化が進み超高齢社会となることは、労働人口の減少を意味しています。一方、世界的には、今後、若者人口が過去最大になると予想されています。アフリカやインドの若者たちが仕事を求めて先進国へどんどんやってくることになるでしょう。

さて、先進国の中でも日本は少子化の先頭を走っているといわれています。二〇一五年の人口動態統計によると、一人の女性が生涯に何人の子どもを産むのかを推計した合計特殊出生率は一・四五でした。じつは、二〇〇五年の一・二六を底にゆるやかに上昇していますが、少なくとも、一・五以上でないと人口を保つことは難しいとされています。

経験を次の世代へ伝える能力

生きものは、それぞれの種が独自の生態的地位（生息空間と食べ物）を確保できるように分化した結果として、多様性がつくられてきたことはすでに述べました。生きものたちの進化や多様性は、環境の変化に対していつも受動的に進んできました。

しかし、現生人類は、環境(住空間、衣服、食料、エネルギー、医療などをふくめて)を改変する能力を身につけることで、これまでに現れたほかの生きものたちがなし得なかった種の繁栄を手にしています。私たちヒトは、いままでたどってきた「いのち」の旅のルールが適用されない生きものになったのです。それにより、地球環境が比較的おだやかな状況のもとで、現在のような異常な繁栄状況がつくり出されたのだと考えられます。

つまり、ほかの生きものが自らを変化させることで種を維持しようとするかわりに、ヒトは環境を支配してそれを自分にあわせて変えることで、種の維持をはかっているようです。

ヒトによる環境の改変を可能にした最初の表れは、道具の使用でしょう。

道具の使用は脳の発達、知性の出現によるもので、道具は知性を知る尺度ともいわれています。化石人類の暮らしぶりや文化は化石の骨からではわかりませんが、一緒に出土した石器から、それをつくったヒトたちの知性をある程度は推測できます。道具の複雑さで知性の深さを知ることができるのです。ことばは形として残りませんが、道具は形として残り、私たちにかれらの文化の一端を語りかけてくれます。

また、道具に着目すると、すでに絶滅してしまった化石人類とチンパンジーとの知性の比較ができます。二〇一五年五月、アフリカ・ケニア北部の約三三〇万年前の地層から、人類史上最古とみられる石器が見つかったと発表されました。これまでに見つかっている石器よりも約七〇万年古く、ホモ属のヒトより古い時代に生きていた猿人が使っていたのではないかと考えられています。

チンパンジーは、石でヤシの実をわることができます。猿人も同じような使いかたをしていたと推測できます。しかし、石を石で加工して石器をつくるという技術は、ホモ属のヒトの特徴と考えられています。道具として使えそうな石をさがして使うのではなく、「道具をつくる」ことを始めたのです。こうして、ヒトは時とともに、技術も進歩させてきました。

京都大学霊長類研究所の研究では、チンパンジーは文字や数字のようなシンボルの違いを認識し、ある程度使いこなすことができるということです。また、鏡を見ながら額につけられたマークをさわることにみられるような、自己認識ができるともいわれています。これらのことは、ニホンザルのようないわゆるサル(モンキー)のなかまではできません。チンパンジーはほかの動物とは大きく違う、ヒトに近い知能をもっています。

　ヒトとゲノム上では約一・二%しか違わないチンパンジー。ヒトとチンパンジーなどの類人猿との違いは、ヒトが直立二足歩行をするということです。こうした行動や文化の違いは、ゲノム上のどこにあるのでしょう?

　ゲノム上の違いが丹念に調べられていますが、残念ながら現時点ではまだよくわかっていません。特定の少数の遺伝子の決定的な違いというより、多くのタンパク質におけるアミノ酸のわずかな違いによる働きの違いや、いくつかのタンパク質のつくられる時期や量の違いが積み重なって、その差が出てくるのではとの考えもあります。

　多くの遺伝子では、タンパク質のアミノ酸配列の情報をもっている部分(構造遺伝子)に加えて、そのタンパク質をいつ、どのくらいの量つくるかを調節している部分(調節領域)をもっています。

　ひとりの人は、すべての細胞が同じセットの遺伝子をもっているのに、肝臓、心臓、脳などの臓器の違いにより、また、幼児、子ども、大人など年齢の違いにより、さらに、昼と夜、空腹と満腹など体の内外の環境変化などにより、細胞内に存在するタンパク質の種類や量が違うのは、この調節領域の働きによります。

チンパンジーとヒトも個々のタンパク質の働きが大きく違うのではなく、これらの遺伝子の調節のしかたが異なるのではないかというのです。たとえばそれは、神経機能や神経発生に関係した遺伝子、生殖に関係した遺伝子などがつくるタンパク質の量や時期の違いです。しかしそれだけで、チンパンジーとヒトとの知的な違いを説明することは、まだまだ困難です。

私たちは、「地球は丸い」とか、「地球は太陽のまわりを回っている」ことを当たり前のことと思っています。しかし、ほとんどの人が、実際に地球が丸いことや太陽のまわりを回っていることを実体験したことはないでしょう。私たちが地上で見ることができる範囲では、大地は多少の凹凸はあるにしても平らにみえ、少なくとも丸くは感じられません。また、地球はじっとしていて太陽が東から西へと動いていると感じています。

昔の人たちも同じように感じていたはずです。そして、地球が丸くて太陽のまわりを回っているなどと、とても考えられなかったことでしょう。現代の私たちと、たとえば一万年前の縄文人たちとでは、何が異なるのでしょう？

現代人の脳は、一万年前の縄文人の脳から大きく変わっているわけではありません。ヒトは少なくともおよそ五万年にわたって、その基本的な脳の働きはまったく変わっていないといわれています。

縄文人が文字さえもない狩猟と採集のまずしい生活をしていたのに対し、現代の私たちは電子機器にかこまれて快適で文化的な生活をして、知識もはるかに豊富にもっていますが、私たちが昔の人たちよりも優れているのではありません。縄文人も子どものころから教育すれば、コンピューターを使いこなし、医者にもパイロットにもなれるでしょう。

チンパンジーは親のしぐさをみて学び、自分のものとして身につけますが、親が積極的に子どもに何かを教えるということはほとんどしないといわれています。言葉や経験を次世代と共有できる文字のような手段の獲得、その違いが、いまのヒトとチンパンジーの違いではないでしょうか。チンパンジーでは、それぞれの世代は、前の世代が始めたことをはじめからやりなおすので、いつまでもほぼ同じ状態で止まってしまいます。

生きものたちのすべての進化情報は、遺伝子(DNA)の情報として保存され、伝えられてきましたが、ヒトは遺伝子では伝えられないものを伝えることができる能力をもった生きものなのです。個人や集団が得た知識や技術を言葉、文字、絵画、音楽などを通じて次の世代に伝え、それらを蓄積し、種全体で共有することができる能力を獲得したのです。

前の世代の知的財産に、いまの世代が獲得したものを加えて、それを次の世代に伝えていき、世代が進むとともに文化財産が蓄積されていく――これは、ヒト以外のあらゆる生きものたちがかつてもったことのない、高度な脳の発達によるすばらしい能力です。ヒトはこれまでにはなかった特殊な生きものなのです。

さて、これまで私は、人類のことを「ヒト」と書いたり、「人」と書いたりしてきました。生物学では一般に、生きものの種を表すときにカタカナで表記します。遺伝子を伝えるものとしての生きものの種類の一つという意味です。それに対して、遺伝子に加えて文化を伝えることのできる生きものとしてのヒトを「人」あるいは「ひと」と表します。

私たち一人ひとりも、ヒトとして生まれ、人(ひと)として育ちます。

「いのち」の旅に影響を与える技術

最近、環境の改変に加えて、私たち人は、「いのち」の旅にきわめて大きな影響を与えうるもう一つの力を手に入れました。遺伝子組みかえの技術です。

この技術は、細菌や培養細胞によるホルモン(インスリンやエリスロポエチンなど)の生産をはじめとする医薬品分野、除草剤耐性などの性質を与えた遺伝子組みかえ作物に代表される農業・食品分野、遺伝子組みかえによって新しい働きや性質をもった新規タンパク質を利用した生活(たとえば、洗剤のなかでも働けるようにした洗剤酵素(こうそ))や製造の分野、そのほか非常に広範な分野で利用されています。また、近年の生命科学におけるめざましい発展は、この技術があってはじめて達成できたといえます。

遺伝子レベルの変化は、実際には進化の過程で起こってきたことですが、遺伝子操作はその時間変化を意図的に速める技術です。自然界では何千世代、何万世代かかって非常にゆっくり起こるような現象を、たった一世代でやってしまいます。

生きものの世界から考えると、かれらの時間を操作しているともいえます。また、組みかえのおもな目的は、それぞれの生きものの生存のためではなく、人の生存のためであり、さまざまな生きものの遺伝子をそのために変えようともしています。

ただ、遺伝子産物(タンパク質)の改良や、ある生きものの遺伝子産物をほかの生きものにつくってもらう(たとえば、大腸菌によるヒトインスリンの生産)などは、自然の状態でまったく同じことが起こることはないかもしれませんが、生きものとしての基本的ルールは保たれています。

ですが、遺伝子組みかえ作物に関しては、社会的に大きな問題となりました。遺伝子組みかえ作物には、除草剤や害虫食害に対する耐性作物、きびしい自然環境条件下(低温、塩害、乾燥など)で育つ生産性の高い作物、不飽和脂肪酸やビタミンAなど特定の物質を多くふくむ高品質作物などがあります。

現在、日本国内では、遺伝子組みかえ農作物は商業的には栽培されていませんが、ダイズ、トウモロコシ、ジャガイモ、セイヨウナタネ、ワタ、テンサイ、アルファルファ、パパイヤの八種の遺伝子組みかえ作物と、遺伝子組みかえ微生物によって生産されたα(アルファ)-アミラーゼ、リパーゼなど七種の添加物が、厚生労働省により食品としての安全性が認められ、販売・流通しています。

遺伝子組みかえ農産物を原料とした加工食品には、そのことの表示が義務づけられています。さらに、それらについては、組みかえ農作物・食品の商品化の状況や、検出方法に関する新たな知見をふまえ、適宜見直しを行っていくことになっています。

しかし、次のような問題点が、具体的に指摘されています。それは、組みこまれた遺伝子からできるタンパク質がアレルギーの原因にならないか、新たな遺伝子を入れたため目的の物質以外の生成物ができている可能性がないか、殺虫性をもつタンパク質を人間が食べても大丈夫か、また、そのようなタンパク質の遺伝子が人間や家畜に対して毒性をもつタンパク質に変化する可能性がないか、などです。

これらの疑問に対して厚生労働省は、専門家で構成される食品安全委員会で、「開発された品種ごとに最新の科学的知見に基づいた食品健康影響評価を行って、安全性に問題がないと判断した食品だけ市場に出ることを許可しているので、流通している食品は安全である」としています。

これまでの作物の品種改良は、特定の性質のみに注目して改良しており、ほかの性質やほかの遺伝子にどのような変化があるかをあまり問題にしてきていません。たとえば、リンゴは甘いとか大きいということに注目して改良を加えてきましたが、同時に色や熟す時期などが変化したこともあったでしょう。さらに、成分の変化など簡単には検知できない変化もあるかもしれません。これまでの品種改良ではそのようなことについてはほとんど問題にしてきていませんでした。

それに対して遺伝子組みかえ作物では、導入する遺伝子が明確であり、そのうえ、成分等がきびしくチェックされているので、「これまでのものと同等、あるいはそれ以上に安全である」とも考えられます。

それでも、消費者の不安は残ります。不安の底には、遺伝子を操作して新しい性質をもった生きものをつくることに対する、倫理的な拒否感があるのでしょう。

また、遺伝子組みかえ農作物の栽培が広がることによる、野生の植物や昆虫などの生物多様性への影響も指摘されています。具体的には、遺伝子組みかえ生物が近縁種と交雑することによって、人為的に導入された遺伝子が野生集団に広がったり、組みかえ体が広がることによって、各地の野生種が失われたりする可能性があります。殺虫性をもつ組みかえ作物が広がることで、特定の昆虫が絶滅してしまい、それによって生態系が変化することも考えられます。

しかし、これらは一般に、通常の育種などで改良された作物についてもいえることです。

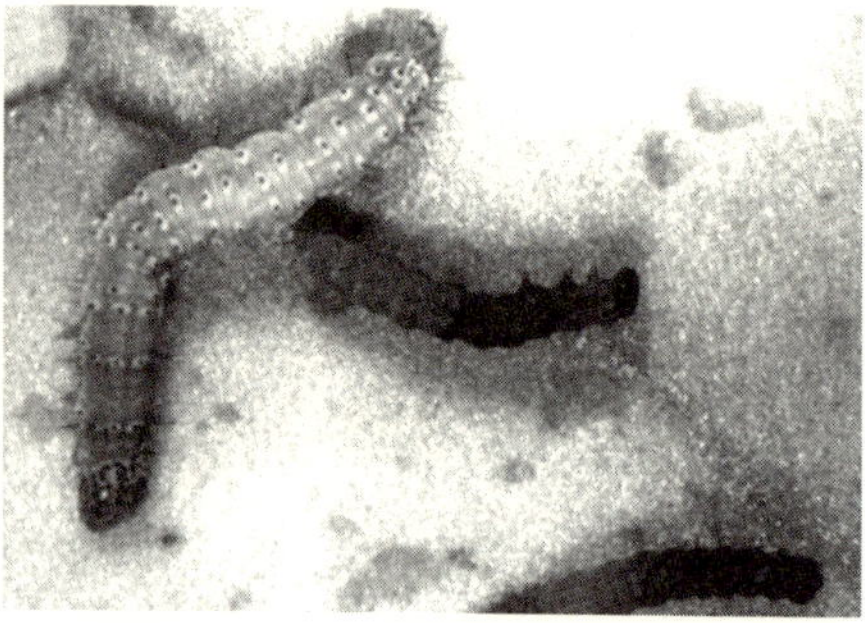

図 5-4　殺虫性タンパク質(Bt タンパク質)の効果。殺虫性タンパク質を発現している葉を食べて死んだコナガの幼虫(黒く変色している)と、生きている幼虫

これまでにも、除草剤を用いていたために、天然に生じた突然変異によって除草剤への耐性遺伝子をもっていた農作物は存在していましたが、除草剤耐性の遺伝子が周囲に拡散していったという例はないということです。

害虫耐性の植物には、「Btタンパク質」とよばれる殺虫性タンパク質をつくる遺伝子が組みこまれています。この殺虫性タンパク質は、特定のガやコガネムシなどの昆虫に作用し、それ以外の昆虫に影響がおよぶことはありません。また、たとえばトウモロコシでは、このタンパク質は茎や葉でのみつくられ、実には存在しません。茎や葉をかじった害虫(たとえばアワノメイガの幼虫)のみが死にいたるのです(図5-4)。

じつは、Btタンパク質は、組みかえ体として利用される以前から、このタンパク質をつくる微生物（Bacillus thuringiensis）が、生物農薬の形で七〇年以上前から世界中で散布されてきました。生物農薬は、もともと自然界に存在する微生物を農薬として用いるので、化学農薬に比べて生態系を傷めない農薬として使われてきました。

最近、従来の遺伝子組みかえの方法よりも格段に簡単で、しかもより高い精度で遺伝子を改変できる「ゲノム編集」という技術が開発され、脚光をあびています。ゲノム編集は現在急速に普及しており、従来の遺伝子組みかえ技術にとってかわりつつあります。

いずれにしても、二一世紀後半に地球規模で生じると予想される食料不足に備えるためにも、むやみに急ぐことなく、それらの内容と安全性を厳密に評価し、正しく活用する必要があるでしょう。

生きものの基本、生殖過程への介入

一九九六年にスコットランドで生まれた一頭のヒツジが大きな話題となりました。ドリーと名づけられたそのヒツジは、体細胞クローン生物のはじまりでした。それは、人間が、生きものの基本的な性質である子孫をふやすという過程にも介入できることを示しました。

動物の生殖は精子と卵の合体、つまり受精から始まります。ところが体細胞クローン生物の場合は、ある個体の生殖細胞(卵子)の核を取り出して別の個体の体細胞の核を入れ、受精なしで子孫をつくることができるのです。

最近では、iPS細胞生成の技術を使って、マウスの体細胞から精子や卵子をつくり、これらを受精させて子孫をつくることもできるようになりました。このことは、これらの技術を組み合わせることによって、さまざまな性質をもつ生きもの、とくに哺乳動物を人工的に自由に誕生させることができるようになったことを意味しています。

二〇一五年には、ヒトの精子や卵のもとになる前駆細胞(始原生殖細胞)を作製できるようになりました。もはや、生きものの世界を人の思うままにつくりかえることも可能になってきたのです。

さきほど紹介したゲノム編集という技術は、食品分野より医療分野でより具体的な問題を投げかけています。この技術は、エイズや血友病、鎌状赤血球貧血、数種のガンなど多様なヒト疾患を治療するための強力な手段としての可能性が指摘されています。すでに、難病にも指定されている筋ジストロフィーの原因遺伝子を正常なものに修復したり、エイズウイルスが結合しやすいリンパ球表面のタンパク質遺伝子を除去したT細胞を患者に静脈注射することにより抗ウイルス薬を服用しなくてもよくなるなど、医学的な研究成果もあがっています。

これらの成果は、ヒトの体細胞について行われたものですが、二〇一五年、ゲノム編集をヒトの受精卵に行い、次の世代に向けた遺伝子改変を試みたという研究が発表されて、倫理性と安全性が問題になっています。日本遺伝子治療学会とアメリカ遺伝子細胞治療学会は、「倫理的な問題などについて社会的な合意が得られ、解決するまできびしく禁止すべきだ」とする共同声明を発表しました。

共同声明では、ゲノム編集で受精卵を操作すると、その受精卵だけでなく世代をまたいで影響し、何世代も先にならないとその影響がわからないことなど、倫理的な問題があると指摘しています。

その一方で、ヒト以外の動物で研究して安全性が確保できればよい、また、受精卵ではなく体細胞をゲノム編集することについては問題ない、という見解を出しています。

しかし、現時点では、技術が未熟だから容認できないのか、次世代を操作する技術として生殖細胞や胚に適用することが倫理的に容認できないのか、さらに、ヒトに限らずほかの哺乳動物に適用することも問題なのか、共通の理解にはいたっていません。

　こうした科学・技術の進展に対して、「それも生物進化の結果であり、当然の流れだ。遺伝子操作が不自然だというけれど、それは脳がやっていることで、脳は進化の産物なのだから脳がやることは自然であり、進化の一過程なのだ」という考えもあります。

　もっと身近な話として、イヌの品種改良があります。第2章でイヌの多様性を述べましたが、この多様なイヌたちの多くは、人間の好みに応じて品種改良されたものです。これを不自然な淘汰（とうた）とみるか？　それとも、イヌにとって人は環境、すなわち自然の一部と考えられるので、これも自然淘汰とみて、進化の一過程と考えるか？　という議論です。

　私たちは、イヌの品種改良に関してはとくに不自然さを感じてこなかったとしても、人の生殖過程への人為的な関与をどう考えていくかは、今後の大きな問題になるでしょう。

　科学は、決して進歩を止めることはしません。とどまることを知りません。したがって、私たちは、無制限に進むことを容認するか、どこかで線を引くか、引くとすればどこで、何を線とするかを熟慮し、開発と応用の適用範囲をきちんと決める必要があるでしょう。

第6章　旅の、これから

これからのホモ・サピエンスの旅は？

前章で述べたように、私たちホモ・サピエンスは脳が発達できた結果として、文化や科学を道具にして地球上あらゆるところに進出し、生きものの覇者（はしゃ）として君臨しています。今後もこの生きかたを続け、生きもの本来の自然に依拠した生きかたには決して戻らないでしょう。この状況は、私たちが予期しない突然の大きな環境変化が起こらない限りしばらくは続き、ますます繁栄していくことでしょう。

予想される人口増加のために、森林や草原が開発されるとともに、遺伝子（いでんし）改変技術を使ってより増産できる作物がつくられることでしょう。さまざまな製品の生産手段、医療技術、情報・通信・交通・運輸、そのほかすべての生活手段が発展して、ますます快適な生活が送れるようになるでしょう。平均寿命も一〇〇歳に近づくかもしれません。

そのなかで、生きものの一つとしてのヒトは、どのように進化していくのでしょう？

ユニバーシティ・カレッジ・ロンドンのスティーブ・ジョーンズ教授は、「ヒトの進化は止まっており、今後ヒトが一〇万年、一〇〇万年生存していたとしても、いまのヒトとほとんど変わらないだろう」と述べています。

医療や技術が発展して食料も確保でき、まわりの環境を適度な状態にすることができる状況のもとでは、現在の環境に対して多少不利な突然変異（とつぜんへんい）が起きた個体でも、成人まで成長して子孫を残すことが可能になるでしょう。

また、人々の交流がますますさかんになる状況のもとでは、遺伝子混合がたえず行われます。そのため、たとえば遺伝的に近い者同士の結婚が少なくなることで、同じ遺伝病の遺伝子をもつ者同士が子どもを残す可能性が低くなり、こうした病気にかかる人は少なくなっていくと思われます。

逆に、環境に優位と思われる変異であっても、それがほかを淘汰（とうた）できるほどの優位さを発揮することは難しいでしょう。そこで、ホモ・サピエンスという種のなかの個体間の遺伝子多様性は、増すことになりそうです。

このことは、生きものにとって進化の主因であった自然淘汰（しぜんとうた）が働かなくなっていくことを意味しています。ただ、いつの日かまたきびしい環境がおとずれたとき、蓄積される遺伝的多様性が、その環境をのりこえるのに役立ってくれるかもしれません。

さて、第4章で述べたように、ヒトが地球上に現れて以来、二〇種ほどのなかまが次々と出現しては消えていき、現在、私たちホモ・サピエンスだけになってきたヒトの旅をふりかえってみると、考えたくないことですが、私たちホモ・サピエンスもいずれはほろびて、もっと優秀なホモ属にとってかわられる日が来る可能性もあります。

これまで登場したヒトのなかまたちがなぜほろびなければならなかったのか？　原因はさまざまですが、短期間に消えさったなかまもいれば、一〇〇万年近くの比較的長期にわたって存在したなかまもいます。

ホモ・サピエンスは約二〇万～一五万年前に登場したといわれていますが、さて、どのくらい存続することができるのでしょう？　ネアンデルタール人と現生人類とが共存していた時期があったように、すでに次の種がどこかで生まれていて、虎視眈々（こしたんたん）と次の天下をねらっている可能性はあるのでしょうか？

もっとも、新しいホモ属が生まれていたとしても、現在のように交流がさかんな状況では、完全に混合してしまい、そのうつりかわりは、明確には表れないと思われます。

もしヒトがいなくなったら？

これまでの「いのち」の旅の変遷を考えると、何百万年後か、何千万年後かわかりませんが、ホモ・サピエンスはもとより、いずれはヒトという種さえも絶滅する可能性があります。絶対的な支配者であるヒトがいなくなった後、生きものの世界にどのような変化が起こるのでしょう？　どのようなきっかけでヒトが絶滅するにしても、そのようなことが起これば生きものの世界は大混乱になるでしょう。そして、混乱期は何十万年、何百万年と続くかもしれません。

たとえ地球に大きな異変が生じても、これまでの絶滅期と同じように、地球上のどこかに何らかの生きものは生き残っていることでしょう。それがたった一種の生きものにすぎなくとも、「いのち」には再生の力があり、いつかは地球上をうめるまで回復すると思われます。再び進化が始まり、海でも陸でも多くの生きものが生息することになり、太陽と地球が存在する限り、「いのち」の旅は続くでしょう。これまでと同じように、多くの新しい生きものの種が誕生することになるでしょう。

さて、ヒトの後にはどんな動物が天下をとり、繁栄するのでしょう？　地球科学的な観点や、これまでに地球で起こった大陸の移動、気候の変動、そして、生きものの進化の進みかたなどを考慮に入れて、ドゥーガル・ディクソンはその著書『アフターマン』（今泉吉典監訳、ダイヤモンド社、二〇〇四年）や『フューチャー・イズ・ワイルド』（松井孝典監修、土屋晶子訳、ダイヤモンド社、二〇〇四年）で、ヒトの絶滅から五〇〇〇万年後、五〇〇〇万年後、一億年後、二億年後の地球上の生きものたちについて想像しています。

そこでは、「ヒト同様の知能をもつ新しい動物群は、今かなり進んだ動物群に属しながらそれほど目立っていない動物、たとえば哺乳類ならば食虫類（モグラ、ハリネズミ等のなかま）、鳥ならばカラス類などから発展する可能性が高い。しかし、一億年ほども恐竜の足下で右往左往していた哺乳類のあいだからヒトが現れたことを考えると、今、私たちが見すごしている、取るに足らない動物の中からヒト並み、あるいはそれ以上の知能をもつ動物が現れることはあり得る。いずれにせよ、高い知能の動物群が現れたとしても、今の世界にいる主な動物群の子孫はどうにか生き続けるだろう」と述べています。

ヒトが自滅しないために

では、もしもヒトという動物が絶滅するとすれば、そのきっかけは何でしょう？　ヒトの絶滅の過程は、過去の生きものたちの繁栄と絶滅の過程から、単純に予測をすることは困難です。これまで述べてきたように、ヒトは過去の生きものたちとはまったく異なった生存手段を手に入れているからです。

これまでは、周期的に現れる気候の変化、火山活動、小惑星やすい星などの小天体の衝突(しょうとつ)などで大量絶滅が引き起こされてきました。地球全体をまきこむようなきわめて大きな環境変化が起きたとき、ヒトはほかの生きものたちと同じように絶滅に向かうのでしょうか。蓄積される遺伝的多様性が役に立って、一部は何らかの形で残ることができるのでしょうか。

半世紀以上前のアメリカ映画「地球最後の日」(一九五一年)でえがかれたように、少人数の人たちが別の惑星ににげていき、そこで新しいヒトの歴史をつくるのかもしれません。もしそうなったら、その小集団のヒトは、新しい環境のもとでいずれはホモ・サピエンスとは違う新しいヒトのなかまを生み出し、新しい文化をつくっていくことになるかもしれません。

それは、もっている文化程度に違いはありますが、アフリカでホモ・サピエンスが誕生したとき、あるいはもっとさかのぼってヒトが誕生したときの状況と似ており、そこから独自の発展を始めるでしょう。

天災が大量絶滅の原因となる以外に、地球はいま有史以来六度目の大量絶滅期の最中にあって、それはヒトの活動が原因であり「ヒトが引き起こした大量絶滅の時代」である、と指摘する意見が以前からあります。

種の絶滅は進化の過程で自然に起きることでもありますが、現在進んでいる種の絶滅は、これとは異なって、生息地の破壊や環境の悪化、過剰な捕獲や採取、森林の伐採、外来生物の持ちこみによる生態系のかく乱など、私たちヒトの活動をおもな原因としています。

過去の大量絶滅においては、絶滅に向かう期間が少なくとも一〇〇万年以上の長期にわたって起こったものですが、現在、地球では世界で毎年四万種の生物が絶滅しているといわれており、過去五億年間の平均的なペースの何百倍、何千倍ものはやさで、生物たちが姿を消しているといわれています。

環境省が作成した絶滅のおそれのある種のリスト(レッドリスト)によると、日本に生息する哺乳類の約二三%、鳥類の約一三%、爬虫類の約一九%、両生類の約二二%、汽水・淡水魚類の約二五%、維管束植物の約二〇%が絶滅のおそれのある種とされています。これらには、タガメ、メダカ、エビネ、キキョウ、サクラソウなど、かつては私たちのまわりで普通にみられた動物や植物もふくまれています(図6-1)。

ほかの生きものたちが絶滅してしまってヒトだけが生きのびられる世界などありえませんし、ましてや、物質的に豊かで安全な生活などもありえません。

生きものたちには一つ一つに個性があり、すべてが直接に、間接に支えあって生きています。そのなかの一つの生物種が欠けたことによって、その影響が生態系のシステム全体におよぶ可能性もあります。食物連鎖の下位のものの絶滅により、上位の生きものが影響を受け、生態系が変化することはしばしば指摘されています。

二〇一五年、英国・リーズ大学のアレキサンダー・ダンヒル教授は、「大規模な火山噴火の頻発により起こった第四回目の大量絶滅では、初めは火山に近い場所の生きものが大きな影響を受けたが、やがて遠くに離れた場所に生息する生きものもふくめて最終的には約八〇

図6-1　絶滅が危惧される身近な生きもの。上段左より、タガメ、メダカ、エビネ、キキョウ、サクラソウ（メダカ写真：Seotaro, Wikimedia Commons より GNU Free Documentation License にしたがって引用）

%の種が絶滅したことがわかった」と報告しています。

そして、大量絶滅期には、量的にほかを圧倒して最も影響力をもつ種であっても、特定の場所に生息する弱小種と同じように環境変化の影響を大きく受けるということで、現在、種の頂点に立つヒトもその影響をまぬがれないと警告しています。

くりかえしになりますが、生きものは、生活場所や食べ物などをほかの生きものと違うものにすることにより競争をさけ、それぞれの生活環境に適合するように分化してきました。そして、このことが多様性を生み出す結果になってきたのです。さらに、それぞれの生きものはたがいに有機的にからみあい、影響をおよぼしあいながら地球の生態系を形づくっています。

四〇億年にわたる「いのち」の旅をいまに伝える、生きものたちの多様性。それをこれからも引きついでいくのは、現在、生きものの頂点にいる私たちの責務です。しかし、これからもこのままほかの生きものたちを圧迫し続けてしまったら、地球環境はさらに悪化し、ヒトは自ら絶滅する危機をまねいてしまうかもしれません。

歴史に目を向け、それが鳴らす警鐘に耳をかたむけ、ヒトが長い歴史のなかで得てきた文化や科学をほかの生きものと共存するために使うことが求められています。

ホモ・サピエンスとは、ラテン語で「知恵のある人」という意味です。その名にふさわしく、私たちは知恵を出しあって、自滅の道を歩まないようにしたいものです。

ここでは、未来に対してどうすればよいのか具体的な提示はできません。しかし、地球の将来をになうみなさんそれぞれにも、考えてみていただければと思います。

本書がそれを考えるきっかけになれば、と願っています。

参考図書

『絵でわかる古生物学』 北村雄一／棚部一成（監修）／講談社／2016年
地中に残されたわずかな痕跡、「化石」から、あらゆる推論・検証を駆使して、太古の世界の姿を解き明かしていく古生物学の考え方と手法を、豊富なイラストをまじえてわかりやすく解説。

『進化の教科書（1 進化の歴史、2 進化の理論、3 系統樹や生態から見た進化）』 カール・ジンマー、ダグラス・J・エムレン／更科功、石川牧子、国友良樹（訳）／講談社ブルーバックス／2016・2017年
アメリカの大学などで最も読まれている進化の教科書の日本語訳。

『ホモ・サピエンスの誕生と拡散』 篠田謙一（監修）／洋泉社歴史新書／2017年
700万年前の人類の誕生から、20万年前のホモ・サピエンスの登場、6万年前の世界への拡散、4万年前の日本列島への到達、現代につながる日本人のDNAの解析まで、最新研究の成果を解説。

『絵でわかる進化のしくみ――種の誕生と消滅』 山田俊弘／講談社／2018年
種とは？　生物の多様性とは？　それを生む進化のしくみを、豊富なイラストでわかりやすく解説。

●図の出典、提供
図1-1，図1-3，図2-5，図2-6，図2-7，図2-9，図3-10，図3-12，図3-14，図3-15，図3-16，図4-1，図6-1（メダカを除く）：123RF

図3-2，図4-2：北九州市立自然史・歴史博物館

図3-11：川野郁代

参考図書
――もっと深く、広く知りたい人のために

『進化とはなんだろうか』 長谷川眞理子／岩波ジュニア新書／1999年
進化ってどういうこと？ 生き物はどうしてこんなに多様なの？ オスとメスはどこが違うの？ などをわかりやすく教えてくれる。

『フューチャー・イズ・ワイルド――驚異の進化を遂げた２億年後の生命世界』 ドゥーガル・ディクソン、ジョン・アダムス／松井孝典（監修）／土屋晶子（訳）／ダイヤモンド社／2004年
人類が滅亡した後、500万年、１億年、２億年後の地球はどうなっているか、そのとき、現在の生きものの中でどんな生きものが進化し栄えるかをシミュレート。

『137億年の物語――宇宙が始まってから今日までの全歴史』 クリストファー・ロイド／野中香方子（訳）／文藝春秋社／2012年
宇宙の誕生から現代までの世界史を１冊で学べる。イラストや写真が豊富で楽しめる大型本。

『生命40億年全史（上・下）』 リチャード・フォーティ／渡辺政隆（訳）／草思社文庫／2013年
地球とこれを取り巻く環境の激変の中で、生きものたちがどのように進化を重ね、いのちをつないできたかを、大英自然史博物館の古生物学者がエピソードを交えて解説。

『分子からみた生物進化――ＤＮＡが明かす生物の歴史』 宮田隆／講談社ブルーバックス／2014年
分子進化学の原理から最先端の成果までを紹介し、ＤＮＡ・ゲノムからわかる40億年の生きものたちの進化の様子を解説。

伊藤明夫

1939年長野県生まれ。大阪大学大学院理学研究科博士課程修了。九州大学理学部教授、放送大学客員教授、北九州市立自然史・歴史博物館(いのちのたび博物館)館長を経て、現在、九州大学名誉教授。専門は生化学、細胞生化学。著書に『はじめて出会う 細胞の分子生物学』(岩波書店)、『細胞のはたらきがわかる本』(岩波ジュニア新書)、『自分を知る いのちの科学』(培風館)、『環境・くらし・いのちのための 化学のこころ』(裳華房)などがある。

40億年、いのちの旅　　岩波ジュニア新書 882

2018年8月21日　第1刷発行

著　者　伊藤明夫(いとうあきお)

発行者　岡本　厚

発行所　株式会社 岩波書店
〒101-8002 東京都千代田区一ツ橋 2-5-5
案内 03-5210-4000　営業部 03-5210-4111
ジュニア新書編集部 03-5210-4065
http://www.iwanami.co.jp/

組版　シーズ・プランニング
印刷・三陽社　カバー・精興社　製本・中永製本

ISBN 978-4-00-500882-7　　Printed in Japan

岩波ジュニア新書の発足に際して

きみたち若い世代は人生の出発点に立っています。きみたちの未来は大きな可能性に満ち、陽春の日のようにひかり輝いています。勉学に体力づくりに、明るくはつらつとした日々を送っていることでしょう。

しかしながら、現代の社会は、また、さまざまな矛盾をはらんでいます。営々として築かれた人類の歴史のなかで、幾千億の先達たちの英知と努力によって、未知が究明され、人類の進歩がもたらされ、大きく文化として蓄積されてきました。にもかかわらず現代は、核戦争による人類絶滅の危機、貧富の差をはじめとするさまざまな人間的不平等、社会と科学の発展が一方においてもたらした環境の破壊、エネルギーや食糧問題の不安等々、来るべき二十一世紀を前にして、解決を迫られているたくさんの大きな課題がひしめいています。現実の世界はきわめて厳しく、人類の平和と発展のためには、きみたちの新しい英知と真摯な努力が切実に必要とされています。

きみたちの前途には、こうした人類の明日の運命が託されています。ですから、たとえば現在の学校で生じているささいな「学力」の差、あるいは家庭環境などによる条件の違いにとらわれて、自分の将来を見限ったりはしないでほしいと思います。個々人の能力とか才能は、いつどこで開花するか計り知れないものがありますし、努力と鍛練の積み重ねの上にこそ切り開かれるものですから、簡単に可能性を放棄したり、容易に「現実」と妥協したりすることのないようにと願っています。

わたしたちは、これから人生を歩むきみたちが、生きることのほんとうの意味を問い、大きく明日をひらくことを心から期待して、ここに新たに岩波ジュニア新書を創刊します。現実に立ち向かうために必要とする知性、豊かな感性と想像力を、きみたちが自らのなかに育てるのに役立ててもらえるよう、すぐれた執筆者による適切な話題を、豊富な写真や挿絵とともに書き下ろしで提供します。若い世代の良き話し相手として、このシリーズを注目してください。わたしたちもまた、きみたちの明日に刮目しています。（一九七九年六月）

856 敗北を力に！ 甲子園の敗者たち　元永知宏 著
甲子園での敗北は、選手のその後の人生にどんな影響を与えたのか？ 激闘を演じ、最後に敗れた甲子園球児の「その後」を追う。

857 世界に通じるマナーとコミュニケーション ―つながる心、英語は翼―　横手尚子・横山カズ 著
マナーの基本5原則、敬語の使い方、気持ちを伝える英語など、国際化時代に必要な、実践で役立つマナーの基本を紹介します。

858 漱石先生の手紙が教えてくれたこと　小山慶太 著
漱石の書き残した手紙は、小説とは違った感慨を読む者に与える。綴られる励まし、ユーモアは、今を生きる人にもエールとなるだろう。

859 マンボウのひみつ　澤井悦郎 著
光る、すぐ死ぬ、人を助けた、3億個産卵……数々の噂は本当か？ 捨身の若きハカセによって、怪魚の正体が、いま明らかに――。［カラー頁多数］

860 自分のことがわかる本 ―ポジティブ・アプローチで描く未来―　安部博枝 著
「自分の強み」を見つける自分発見シートや「なりたい自分」に近づくプランシートなど実践的なワークを通して未来を描く自己発見マニュアル。

861 農学が世界を救う！ ―食料・生命・環境をめぐる科学の挑戦―　生源寺眞一・太田寛行・安田弘法 編著
くらしを豊かにし、自然環境を保全し、生き物たちの役に立つ――。地球全体から顕微鏡で見る世界まで、農学には可能性と夢がある！

862 私、日本に住んでいます　スベンドリニ・カクチ 著
日本に住む様々な外国人を紹介します。彼らはなぜ日本に住み、どんな生活をしているのでしょう？ 多文化共生のあり方を考えるヒント。

863 短歌は最強アイテム ―高校生活の悩みに効きます―　千葉聡 著
熱血教師で歌人の著者が、現代短歌を通じて学校生活の様子や揺れ動く生徒たちの心模様を描く青春短歌エッセイ。短歌を通じて、高校生にエールを送る。

864 **榎本武揚と明治維新**
—旧幕臣の描いた近代化
黒瀧秀久

幕末・明治の激動期に「蝦夷共和国」を夢見て戦い、その後、日本の近代化に大きな役割を果たした榎本の波乱に満ちた生涯。

865 **はじめての研究レポート作成術**
沼崎一郎

図書館とインターネットから入手できる資料を用いた研究レポート作成術を、初心者にもわかるように丁寧に解説。

866 **その情報、本当ですか?**
—ネット時代のニュースの読み解き方
塚田祐之

ネットやテレビの膨大な情報から「真実」を読み取るにはどうすればよいのか。若い世代のための情報リテラシー入門。

867 〈知の航海〉シリーズ
ロボットが家にやってきたら…
—人間とAIの未来
遠藤 薫

身近になったお掃除ロボット、ドローン、AI家電…。ロボットは私たちの生活をどう変えるのだろうか。

868 **司法の現場で働きたい!**
—弁護士・裁判官・検察官
打越さく良
佐藤倫子 編

13人の法律家(弁護士・裁判官・検察官)たちが、今の職業をめざした理由、仕事の面白さや意義を語った一冊。

869 **生物学の基礎はことわざにあり**
—カエルの子はカエル? トンビがタカを生む?
杉本正信

動物の生態や人の健康、遺伝や進化、そして生物多様性まで、ことわざや成句を入り口に生物学を楽しく学ぼう!

870 覚えておきたい 基本英会話フレーズ130
小池直己
基本単語を連ねたイディオムや慣用的フレーズを厳選して解説。ロングセラー『英会話の基本表現100話』の改訂版。

871 リベラルアーツの学び —理系的思考のすすめ
芳沢光雄
分野の垣根を越えて幅広い知識を身につけるリベラルアーツ。様々な視点から考える力を育む教育の意義を語る。

872 世界の海へ、シャチを追え！
水口博也
深い家族愛で結ばれた海の王者の、意外な素顔。写真家の著者が、臨場感あふれる美しい文章でつづる。〔カラー口絵16頁〕

873 台湾の若者を知りたい
水野俊平
若者たちの学校生活、受験戦争、兵役、就活……、3年以上にわたる現地取材を重ねて知った意外な日常生活。

874 男女平等はどこまで進んだか —女性差別撤廃条約から考える
山下泰子・矢澤澄子監修／国際女性の地位協会 編
女性差別撤廃条約の理念と内容を、身近なテーマを入り口に優しく解説。同時に日本の課題を明らかにします。

875 〈知の航海〉シリーズ 知の古典は誘惑する
小島毅 編著
長く読み継がれてきた古今東西の作品を紹介。古典は今を生きる私たちに何を語りかけてくれるでしょうか？

877・876
数学を嫌いにならないで
基本のおさらい篇
文章題にいどむ篇
ダニカ・マッケラー
菅野仁子訳

数学が嫌い？ あきらめるのはまだ早い。この本を読めばバラ色の人生が開けるかもしれません。アメリカの人気女優ダニカ先生が教えるとっておきの勉強法。苦手なところを全部きれいに片付けてしまいましょう。いつのまにか数学が得意になります！

878
10代に語る平成史
後藤謙次

消費税の導入、バブル経済の終焉、テロとの戦い…、激動の30年をベテラン政治ジャーナリストがわかりやすく解説します。

879
アンネ・フランクに会いに行く
谷口長世

ナチ収容所で短い生涯を終えたアンネ・フランク。アンネが生き抜いた時代を巡る旅を通して平和の意味を考えます。

880
核兵器はなくせる
川崎 哲

ノーベル平和賞を受賞したICANの中心にいて、核兵器廃絶に奔走する著者が、核の現状や今後について熱く語る。

881
不登校でも大丈夫
末富 晶

「学校に行かない人生＝不幸」ではなく、「幸福な人生につながる必要な時間だった」と自らの経験をふまえ語りかける。